光 明 城

LUMINOCITY

看见我们的未来

烽火中的华盖建筑师

张琴 著

建筑之良窳，可以觇国度之文野。

——赵深

上海·同济大学出版社
TONGJI UNIVERSITY PRESS

目录

第一章

战争结束了

1940 年，童寯在重庆老君洞。

资料来源：童寯家属

1945 年 8 月 15 日。重庆。

中午，童寯在黄学诗家吃午饭。他们用英语谈论起美国人在日本投了原子弹，黄家拿出酒来招待童寯。这年，童寯 45 岁。

黄学诗[1]和童寯是清华同学，比童寯小 7 岁，江西清江人。他们清华的另一位同学王士倬[2]受政府委派，在南昌建设航空风洞；黄学诗负责土木工程设计，同时也在中央大学兼职授课。

这天，山城奇热，所有人都大汗淋漓。渐渐地，他们听到屋外人声嘈杂，并且声音越来越大。这时，无线电广播里传来消息，日本天皇宣布日本无条件投降。那一刻，童寯突

1　黄学诗，江西清江人。1926 年清华学校毕业，1929 年获美国麻省理工学院土木工程硕士学位，曾任国立中正大学工学院教授，南昌大学土木工程系教授，华中工学院、中南动力学院基建工程监理处处长，湖南大学土木工程系副主任、主任，中国建筑科学研究院建筑经济研究所顾问、高级工程师，国际建筑研究与文献委员会建筑经济研究组成员。

2　王士倬（1905—1991），又名王士卓，1918 年考取清华学校。1925 年赴美国麻省理工学院，1927 年获航空工程学士学位，1928 年获硕士学位。1931 年在清华大学任教授。1934 年设计了中国第一个风洞。1945 年任航空工业局副局长。1950 年任职于重工业部航空工业局筹备小组。1954 年调到南昌航空工业学校工作。1955 年在肃反运动中以"潜伏特务"罪名被捕，曾被判处死刑，后改判。1956 年被江西省委定为"历史反革命分子"。1975 年被"特赦"。1976 年在北京某医疗仪器厂当电焊工人。1981 年受聘为国务院参事。1991 年去世。

然像丢了魂似的。他几乎不敢相信，日本就这样投降了。抗战是如此艰难，很多人认为还需很长时间才能迎来胜利。

重庆的街上，人们的欢呼声震耳欲聋，这样的喧闹，比过春节还要热闹百倍。童寯花了一下午时间，挤过疯狂的人流，回到他寓居的青年会宿舍。

同一天，昆明。童寯的长子、25 岁的童诗白是西南联大的学生，攻读电机专业，他突然发现街上大量的美军吉普车，很多美国佬还大声地叫道："Excellent!"童诗白这才知道，战争结束了。

同一天，上海。胜利的喜讯开始在城市的上空飘扬。童寯的二子童林凤和三子童林弼打开哥哥童诗白自制的收音机，给母亲关蔚然和邻居、童寯的好友、著名动物学家和生物学家秉志[3]教授听，并把弄堂里袁家、周家的小朋友召集过来，一起

---

3 秉志（1886—1965），原名翟秉志，满族翟佳氏，正蓝旗。动物学家，中国近代生物学的主要开拓者和奠基人。1902 年考入河南大学堂，年十八岁中举，1908 年毕业于京师大学堂，1909 年赴美国康奈尔大学求学，1915 年与留美同仁组织了中国最早的群众性学术团体中国科学社。1918 年获美国康奈尔大学哲学博士学位。1921 年创办南京高等师范学校（1921 年改名国立东南大学，1928 年改名国立中央大学，1949 年改名南京大学）生物系。1922 年与其他生物学家共同建立中国科学社生物研究所。1928 年与植物学家胡先骕创建了北平静生生物调查所。1934 年

童寯为重庆老君洞所绘水彩画。

资料来源：童寯家属

1940 年，留守上海的童寯夫人关蔚然，以及长子童诗白和两个
幼子童林夙、童林弼。资料来源：童寯家属

听日本投降的新闻。下午 5 点，童林夙带着弟弟童林弼去敲隔
壁弄堂日本人的家门，把平时欺负他们的鬼子儿子揍了一顿！

————————

与中国动物学家共同发起成立了中国动物学会，任第一届理事长。历任南京高等师
范学校、国立东南大学、厦门大学、国立中央大学、复旦大学教授，中国科学社生
物研究所、静生生物调查所教授、主任，中国科学院水生生物研究所和中国科学院
动物研究所研究员，中国科学院生物学部委员等职。

同一天，沈阳童寯老家中，童寯的二弟童廔[4]带着夫人和两个女儿童林荟、童林芬上街去看日本军官在大街上的交枪仪式。尽管童廔留学日本，会说日语，但自"九一八"起，童林荟、童林芬都是女扮男装，以避免日军和高丽浪人的无理骚扰。日本投降这一天起，她们才重还女儿妆。

同一天，南京。在童寯设计的外交部大楼，当时的侵华日军司令部，冈村宁次听完天皇的广播，收拾了自己的办公室，并把位于对面、也是童寯设计作品的官邸的钥匙放在办公桌上，驱车离去。

自"九一八"起，童家颠沛流离，但童寯一直坚信"中国必胜"。当天他又出门，发电报给在昆明的华盖建筑事务所合伙人赵深。电报内容是："华盖回师沪宁。"（童文回忆。）

4　童廔（1903—1977），童寯二弟，毕业于日本。

第二章

敌机轰炸昆明

1940 年，赵深在昆明大观公园。
资料来源：赵深家属

抗战胜利的消息宣布时，赵深正在昆明。

这天，昆明城也整个沸腾了。虽然天气闷热，但大街上人山人海，人们拿着各种各样的旗帜，奔跑欢呼。凡是敲得响的东西，都被当作了欢庆的锣鼓。入夜，远远近近的军事单位都放起了信号弹。原来美国军火库管理人员不待上级批准，就开放了信号弹仓库，让中美两国官兵们随意打开弹药箱，往武器中装填信号弹。一时间，各式各样的信号弹射向天空，满天五颜六色，组成了遍布昆明上空表达胜利的喜悦的焰火。

赵深比童寯大两岁。1937 年 8 月 13 日淞沪会战，11 月上海沦陷，在上海的华盖建筑事务所暂时停顿业务。1938 年，赵深离开上海，先到湖南长沙岳麓山，华盖建筑事务所设计的清华大学矿物工程系教学楼和机电楼正在施工。他处理在建工程有关事宜后，又转赴云南昆明开拓业务。40 岁的赵深，完全没有预料到自己会在那里遭遇什么。

龙云与史迪威将军。

资料来源：龙云家属

这时，昆明经过"云南王"龙云[1]全方位的整顿和改革，

---

1 龙云（1884—1962），云南昭通人，原名登云，字志舟。彝族。彝名纳吉鸟梯。云南陆军讲武堂第四期毕业。曾任唐继尧部军长。1927年发动政变，逼唐下台，任国民党云南省政府主席兼第十三路军总指挥。1935年任"剿匪"第二路军总司令。抗日战争时期任第一集团军总司令、昆明行营主任兼陆军副总司令。秘密参加中国民主同盟。1945年被蒋介石调任军事参议院院长。1948年秋潜往香港，支持反独裁、反内战的民主活动，参加中国国民党革命委员会。1949年8月在香港与黄绍竑等发表声明，拥护中国共产党的领导，同年出席全国政协第一届全体会议。后任中央人民政府委员、国防委员会副主席、西南军政委员会副主席、民革中央副主席。

成为深陷战争漩涡的中华大地一方难得的太平乐土。

1935年5月，蒋介石曾偕夫人宋美龄到访昆明。宋美龄惊讶地发现昆明城的街道十分干净整洁，建筑物都是同一色系，和她在其他地方见到的那些杂乱的城市街景相比，使人感到很舒服。昆明街头的行人分左、右两边行走，并以最有秩序的方法往返，也使她印象深刻。当时的《大公报》甚至把云南描绘成"自然资源的大宝库"，是"有着光明前途的省份之一"。云南发生的事件时常成为中国各地报纸和杂志的报道重点。

昆明社会秩序良好，城市整齐清洁，令从上海远道而来的赵深颇感意外。由于这里远离战争，相对安定，内地机构和人口大量涌入，有不少新建项目，他决定暂时在昆明安顿下来，设立华盖建筑事务所昆明分所。

当时由上海到昆明的工商界、教育界人士很多，通过这

第一届全国人大常委会委员，第二、三届全国政协常委。1957年被划为"右派分子"，1980年平反昭雪。见《大辞海：中国近现代史卷》第595页。http://www.dacihai.com.cn/search_index.html?_st=1&keyWord=%E9%BE%99%E4%BA%91&itemId=344061.

（上图）昆明，南屏电影院街景，1939 年。资料来源：童寯家属
（下图）南屏电影院室内设计图。资料来源：童寯家属

昆明，南屏电影院外观，1939 年。
资料来源：童寯家属

些人赵深开始结识本地地主、官僚、资本家多人，接到多项设计任务，如南屏电影院、云南兴文银行和其他一些私人银行建筑、大逸乐影剧院。[2]

南屏电影院又称南屏大戏院，由当时的云南省主席龙云的夫人顾映秋[3]，龙云的表弟、滇南边区总司令卢汉[4]的夫人龙泽清，以及刘淑清等昆明上层社会女性出资并主持修建，人称"夫人集团"电影院。

2　童寯：《童寯文集（第四卷）》，中国建筑工业出版社，2006，第410页。

3　顾映秋（1902—1966），龙云第四任夫人。曾捐助、投资云南省多项教育、文化机构，如南屏电影院、云南大学映秋院、坤维慈幼院等。

4　卢汉（1896—1974），云南昭通人，原名邦汉，字永衡。彝族。1914年云南陆军讲武堂第四期毕业。原龙云部师长兼云南省财政厅厅长，帮助云龙统一云南。抗日战争时，任第六十军军长，率部参加台儿庄战役。后任第三十军团军团长第一集团军总司令，指挥武汉保卫战。1945年初任第一方面军总司令。抗日战争胜利后任国民党云南省政府主席兼省保安总司令、云南绥靖公署主任。1949年12月率部起义。后任云南省军政委员会主席、西南行政委员会副主席、国家体委副主任、民革中央常委。是第一届全国人大代表和第二、三届全国人大常委会委员，第一届全国政协委员和第二至四届全国政协常委。见《大辞海：中国近现代史卷》第631~632页。http://www.dacihai.com.cn/search_index.html?_st=1&keyWord=%E5%8D%A2%E6%B1%89&itemId=344357.

老板刘淑清[5]是昆明商界女杰。她的丈夫原为龙云部下，在她26岁时被杀。刘淑清带着年幼的三个女儿经营丈夫留下的茶馆大华交益社。随着越来越多的机关、工厂、学校迁到昆明，昆明人口暴增到二十多万，她又兴办了西南大旅社。这时她发现人们白天跑警报、工作之余，晚上最喜欢的娱乐是看电影，于是决定修建电影院，并延请从上海迁移到昆明的大名鼎鼎的建筑师赵深担任设计和监工。

南屏电影院于1938年开工，1940年3月31日，《云南日报》报道电影院建成的消息："外部建筑图样及内部灯光座位等，均依据科学，参合美术而完成。"南屏电影院是抗战时期昆明建成的一座最为现代化的影剧院。虽然其所处位置狭小，但赵深的设计非常独到，巧妙利用基地，既新颖又典雅，一经建成就立刻成为地标。云南人骄傲地认为，他们拥有了可以与南京大华电影院、上海大光明电影院相媲美的文化建筑。

5　刘淑清（1904—1968），四川简阳人，1925年随夫移居昆明，1930年丈夫被杀后开始经商。创办了南屏电影院、坤维慈幼院等，成为云南著名实业家。1945年当选云南省参议员。与龙云、卢汉交往密切，促进了云南的和平解放。

南屏电影院直接与好莱坞电影公司签订租片协议，所以新片可以第一时间播放。电影院配置了意大利真皮沙发和德国进口放映机，最令人称奇的是座位为倒卧式，即观众是半躺着看电影。建成后，盛极一时，观众多为美国士兵和社会中上层人士，营运极佳，甚至被认为是东南亚第一流的电影院。华盖建筑事务所也因此为人津津乐道。

南屏电影院头场收入悉数捐作残废士兵工厂及抗属工业合作社基金，[6]次年2月又捐救灾款47万元。不久之后，再请著名音乐家举行演奏会，除经常开支外，悉数捐为学生救济金。

这个项目对于赵深在昆明以至整个西南地区的业务拓展非常有意义。

赵深自离开上海至昆明，凭借华盖建筑事务所在上海积累的良好声誉，以及本人出色的设计能力和活动能力，在抗战的后方渐渐站稳脚跟，并且聘用了刘光华等人担任助手。华盖建筑事务所昆明分所的项目越来越多，赵深甚至还承接了贵阳、桂林等地的项目，于是急召合伙人童寯来协力。

---

6 《云南日报》1940年4月1日。

敌机轰炸昆明

贵阳花溪大夏大学校园规划图，1939 年。
资料来源：童寯家属

1940 年之前童寯在重庆时曾做过大量贵阳附近的项目，如贵阳大厦大学规划，这些项目需继续深入。所以当赵深在贵阳的项目很多，忙不过来时，童寯就至贵阳设立了华盖建筑事务所贵阳分所，与赵深互相呼应，互相协助。

令赵深没有预料到的是，一场惨剧即将发生。1941 年春节，华盖建筑事务所负责设计和监工的大逸乐影剧院倒塌了，他为此深陷囹圄。

1938 年后，日机轰炸昆明渐多。位于大逸乐影剧院对面的蔡公祠是国军宪兵司令部，为日军轰炸目标。1940 年 9 月，大逸乐影剧院后面的摊贩市场被炸，剧院山墙墙体受损。赵深指定当时华盖建筑事务所的刘光华作为代表，与鹤记营造厂[7]厂主卢锡麟共赴现场，会同大逸乐影剧院常务董事孙用之，

7　鹤记营造厂 1923 年由卢松华创立于上海，是著名的建筑商，承接了很多地标建筑的施工，如 18 层楼的峻岭公寓（锦江饭店）。战争爆发后转入内地，1946 年回到上海，承接了很多南京的项目，如立法院大楼、四川省银行、农业银行等，卢松华弟弟卢锡麟则去香港开拓业务。1950 年，鹤记在香港承接了当时最高的中国银行大楼，卢松华很快也转去香港。卢锡麟 1971 年在香港去世，之后他的儿子卢云龙接替了家族企业。1997 年鹤记 90% 股权被出售给惠记关联企业。2001 年，新世界集团以 4300 万港元从惠记收购了鹤记。

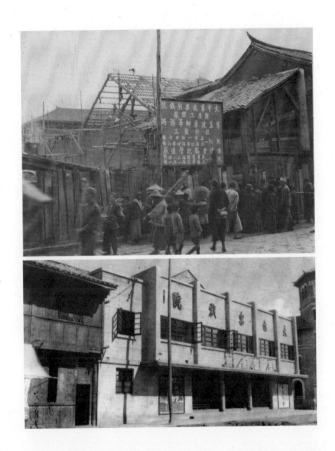

（上图）大逸乐影剧院新屋施工现场，1940 年。资料来源：赵深家属
（下图）大逸乐影剧院新屋建成后街景，1940 年。资料来源：童寯家属

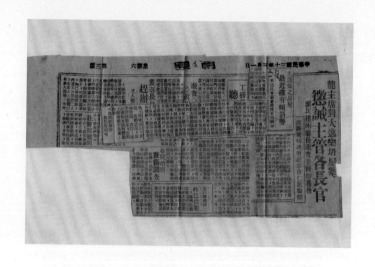

当地报纸关于大逸乐影剧院事件的报道。

资料来源：童寯家属

检查房屋整体受损情况，评估安全隐患。

大逸乐影剧院规模略小于南屏电影院。龄华顾问工程师事务所的结构工程师张有龄[8]及承造商鹤记营造厂，均为上海内迁昆明，是华盖建筑事务所多年合作伙伴。

1941 年 3 月 1 号赵深致信童寯：

老童：大逸乐于廿七日晚上十一时半后坍塌，届时观众六百余人，尚未散场（该院现改为六时、八时、十时三场），致死伤二百余人（死有四十余人），成为昆明空前大惨剧。不知内情者以为设计不周导致，知之者亦不明真相。事件发生后，空气万分紧张。青年会及劝业均抓人、拘人、检查，未免误会计，弟于深夜投案，请求审询。现在拘留中，一星期内或可解决。可请勿念。逸乐房屋自上年九月三十日附近落弹被震后，受损情形前经谈及，早经拟具整理图样，交鹤

8　张有龄（1909—2007），浙江吴兴人，1932 年毕业于清华大学土木水利系。1937 年获英国曼彻斯特大学理学硕士、哲学博士，曾任职于中央水工实验室，先后任教于西南联大、交通大学、四川大学。1949 年后任职于重工业部基建局、机械工业部设计院。

赵深与刘光华。
资料来源：赵深家属

记估价，主张即停业修理。无奈该院董事会迟不决定。上月二十六日敌重轰炸机二十七架大袭市区附近，落弹较远，惟震动甚烈。正欲检查被震情形，廿七日又发警报至下午五时后解除。当晚该院仍未停业，且正在散场前出事，实至不幸。清中屋架图昨由刘光华至临江里，未晤郑翰西两兄，据云疏散乡间，今日或进城，当再由刘君前去接洽，即请翰西径复。汇款收到否，来信乞提及。弟深上。卅、三、一。

当时在昆明，华盖建筑事务所有两个助手：郑翰西和刘光华 [9]。赵深自首后，手书这封信，由刘光华亲自乘火车到贵阳交给童寯。这是刘光华第一次有机会与童寯长谈。以前他曾经到重庆参加华盖建筑事务所面试，没有被录取。因为刘

9　刘光华（1918—2018），江苏南京人。1940 年获中央大学建筑系工学士学位。1946 年获哥伦比亚大学建筑学硕士学位。1947 年起历任中央大学、南京大学、南京工学院建筑系教授、建筑设计教研组主任、建筑系学术委员会主任等职。1940 年短暂任职于华盖建筑事务所，1950 年任职于联合建筑师事务所。1983 年应美国鲍尔州立大学（Ball State University）建筑与规划学院之聘，担任访问教授，1986 年离职赴美从事写作及讲学。

西南联大时期的童诗白，1943年。

资料来源：童寯家属

光华希望带女同学龙希玉¹⁰一起加入，童寯立即打断：他的图房（Atelier）不录用女性。这是宾夕法尼亚大学图房的老传统。龙希玉后来成为了刘光华的夫人。

刘光华还借着讨论华盖建筑事务所公事的机会，多次提

10　龙希玉（1917—2002），湖南攸县人，1940年中央大学建筑工程系毕业后任职基泰工程司，1941年与何立蒸、丈夫刘光华合作成立昆明兴华工程司。抗战后自营南京兴华建筑师事务所。1950年任职于南京大学、东南大学建筑系。后随夫赴美。

出中央大学希望童寯去兼任教职。不过童寯一直没有表态。

相对于严苛的童寯，赵深和陈植对画图员的要求则宽松很多。当时华盖建筑事务所昆明分所忙起来时，因为没有复印机，赵深甚至把童寯长子童诗白拉来描图。童诗白刚从之江大学土木系毕业，到昆明西南联大电机系念第二个学位。童寯夫人关蔚然的心愿是希望童诗白子承父业，所以赵深也试图吸引童诗白，却分配给童诗白描图这样枯燥乏味、毫无创造力的工作。果然很快童诗白说描图实在让他头痛，还是电子管对他的吸引力巨大。他最终成为电子学界的大师。

就在大逸乐影剧院倒塌前两天，赵深还致信童寯，告知大逸乐影剧院董事会认为修理费用高，将华盖建筑事务所的停业修理的建议搁置。赵深认为晴日或许还好，若有雨的话，影剧院安全颇令他忧虑。事后看赵深的担心实非多余，无奈建筑师并没有决定权。

"大逸乐影剧院炸损部分修理事因修价太高（董事会议过与否不得而知，细节系根据孙用之所云）尚未办理。弟拟再想简省办法。在目下晴季当无问题，惟一到雨季极为可虑。"[11]

赵深于 1941 年 1 月 17 日即春节前十天给童寯写信：

老童：十四日函悉，前九月三十日敌机轰炸昆明，损及逸乐戏院，当时未予注意，月前弟才发现，后山墙向东倾斜，山头墙竟成弓形，没入平顶内，仔细检查，又发现八字架均倾斜九寸至一尺不等，前山头亦向外倾，其下面适为放映室，看到可怕，惟在晴季尚无危险。现弟主张将两山头拆，做人字架拉正（每人字架尚有些 wrapage）。因系半木半钢条，实不如全木构成为佳。瓦屋面因无灰砂坞紫，均多移动，须重铺，在山头线之下，弟主加钢骨水泥腰，以固两端，主架屋架，主加钢条拉紧，施工确甚困难，且须照常营业，现图样已绘就，鹤记估价四万六千余元，已面告陆厂长（逸乐董事长），将于日内开董事会决定，何立蒸[12]君于年底□□能安心做事，伊尚未决定，

11 赵深致童寯信，1941 年 2 月 25 日。

12 何立蒸（1912—2005），江苏仪征人，1935 年中央大学建筑工程系毕业，1939—1941 年任职于华盖建筑事务所，1941 年与刘光华、龙希玉创立昆明兴华工程司。1949 年任职中国人民解放军成都军区后勤部建筑设计院。1954 年任中国建

渝戏院又云不造，且该接洽人（王竞群君）未曾直接来信，弟暂无赴渝之必要，此间离开也不放心，调查表只寄吾兄，大约因兄在渝登记，故予并给弟处，并无此件，功业正面冬季无日光，须等数月后可照。弟深上。卅、一、十七日。

赵深于倒塌事故次日黎明即亲赴警察局，随即他和卢锡麟二人及大逸乐影剧院方负责人被拘留。此事立即引起中国建筑师学会各位负责人，如在重庆的关颂声及在昆明的徐敬直等人的关注。他们认为该影剧院已建成并使用很久，若非日寇轰炸，绝不会有倒塌之危险；且赵深、卢锡麟已事先向院方正式提出警告，若非院方贪财，绝不会有整体倒塌、死伤众多之横祸，故责任应在院方。此时远在重庆的结构工程师张有龄得悉此事，即来电云若问题出在结构方面，他愿来昆明承担一切责任。但赵深回电曰问题在于日机轰炸及院方延误修理，劝阻了张有龄的昆明之行。[13]

筑学会昆明分会理事长。

13 李海清、尹彤：《"科学主义"与未开化状态——从"华盖建筑事务所"的两个项目看国人对于建筑科学技术的态度》，载《中国近代建筑研究与保护（四）》，自事故发生，各大报纸均报道此事，并点名华盖建筑事务所和赵深。事态发展并不像赵深预计的那么乐观。"一星期内或可解决"，事后看属于赵深的书生之见。云南省主席龙云亲自下令：惩戒主管各长官，派民建两厅长彻查并督办善后。省府委员会3月7日即拟决：追回赵深监工费，死者800元、伤者400元赔偿费由影院和鹤记按照7∶3比例承担。

大逸乐影剧院倒塌后三周，事故调查的技术报告就显示非华盖建筑事务所设计和监工责任，且有证据表明事发前赵深口头敦促院方修理达50余次之多，最后又于2月14日以书面警告，该函不啻指出应禁人出入，赶速修理，且更明言如再受震动，将有不堪设想之危险。5月26日，建筑师徐敬直也向法院递交了报告说明赵深的无辜。

作为华盖建筑事务所的主要合伙人，赵深的职业精神一直在业内享有盛誉。自日机开始对昆明进行轰炸，赵深就定期巡查所有华盖建筑事务所承接的项目。尽管竣工验收结束，根据契约，对于大逸乐影剧院，华盖建筑事务所责任已尽，

清华大学出版社，2004。

赵深仍然免费提供了修理方案并反复敦促院方。

赵深自次日到警局后一直在拘。经多次开庭审理、庭外调查以及当庭对证，6月4日昆明地方法院刑事庭对大逸乐惨案进行宣判。赵深仍然和其他所涉人员一样，被判"业务上之过失致人于死"。影院经理陈柏青判处有期徒刑两年半，常务董事倪晓初判处有期徒刑一年十个月，缓刑三年；常务董事孙用之已于在押过程中病故，不予追究；鹤记营造厂主卢锡麟及赵深各拘留 30 日，并课罚金国币 1000 元。若无力缴纳罚金，易服劳役，准以 6 元折算一日。

此事于赵深是个沉重的打击。这是赵深第一次由广受尊崇的社会名流沦为阶下囚，他没有预料到自己命运多舛。数十载后，他竟再一次重重地坠入社会底层。

赵深被拘期间，世界形势发生了极大的变化。5 月 27 日罗斯福总统告诫全美国：目前存在着对民族十分严重的紧迫情况，差不多宣战已迫在眉睫。之后，总统和国会有权征用人力、物力和工业部门以确保国防，并提供给大不列颠所需的武器，他强调向英国提供物质援助是绝对必要的。罗斯福总统认为美国应毫不犹豫地使用武力击退德国的进攻。他认为希特勒的野心是要控制公海，以进攻西方世界，进而称霸世界。罗斯福的讲话仿佛预见了美国终将卷入战争。半年后，日本进攻珍珠港，美国宣布参战。

"七月底，日本接管南越；美国下令冻结日本在美财产；并且虽非正式却有效地对日本实施石油禁运。两天前，罗斯福终于批准由陈纳德率领的美国志愿飞行员飞虎队，以五百架飞机在中国开始运作。八月，罗斯福和丘吉尔在纽芬兰会谈，发表《大西洋宪章》，重申威尔逊总统的国际主义，及共同致力于'纳粹暴政的最后摧毁'。"[14]

事实上1941年是个转折年，不过迎来最后的胜利还需时日。大部分中国人如同赵深一样，被战争打破了原先平静安逸的生活，长久地处于辛苦奔波之中，屡遭困顿，还有很长的苦难需要承受。

在大逸乐影剧院惨案判决结果宣布的第二天，6月5日，重庆发生隧道大惨剧。

重庆隧道于1936年设计，战时仓促修建，其容量最多能

14　陶涵：《蒋介石与现代中国》，中信出版社，2012。

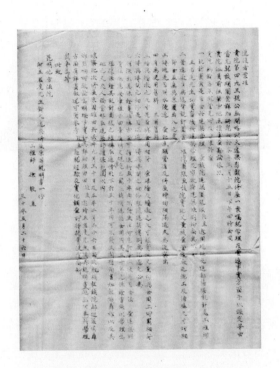

建筑师徐竞直关于大逸乐影剧院的调查书。

资料来源：童寯家属

云南省政府大楼设计方案图，1947 年。
资料来源：童寯家属

容纳 5000 人，是一条从地面深挖入地约 10 米，然后平伸约 2
公里长的大隧道，没有通风、防火、防毒、医疗等设备。每
逢日机空袭时，市民扶老携幼涌进大隧道躲避。6 月 5 日下午
6:00 空袭警报突然响起。20 余架日机分批夜袭重庆，空袭时
间长达 3 小时以上。只能容纳 5000 人的大隧道这天进入了近
万人。大量的人群因窒息、踩踏、挤压而死，现场惨不忍睹。
惨剧发生后，蒋介石亲往视察并看望幸存者，慰问死者家属。

在举国同悲的气氛下，华盖建筑事务所和赵深接受了判决结果，没有上诉。

不久，在好友刘淑清和建筑学会的共同努力下，赵深得以因病保释，住进了医院。这时，他已被关押三个多月，也在给其他两位合伙人的信中表达了自己的痛苦和痛心。一方面他憎恨商人为了赢利罔顾他人生命安全，一方面又为在此事故中丧生的无辜人员而悲戚，同时深感建筑师从业风险巨大。战争本就使得华盖建筑事务所经营倍加困难，该事件更是飞来横祸。所幸他的两位合伙人童寯和陈植，对他给予了毫无保留的支持。

赵深没有预料到的是，大逸乐影剧院的调查结果反而增加并传扬了华盖建筑事务所和他本人的清誉。他受到了云南省主席龙云的赏识，不久之后就重新振作起来。

云南省主席龙云及滇南边区总司令卢汉是当时云南最具影响力的政治人物。之后几年，华盖建筑事务所不少项目来源于他们的委托。华盖建筑事务所昆明分所在南屏设计南菁中学校舍以及许多住宅，甚至参加了云南省政府大楼的设计，其他项目有昆明金碧公园、昆明昆华医院、昆明兴文银行、昆明白龙潭中国企业公司办公室、昆明大观新村、昆明南屏街聚兴城银行等。

赵深被拘时，华盖建筑事务所昆明分所的办公室里大多时候只有何立蒸、刘光华两人，但找上门来委托赵深设计的客户却越来越多。刘光华基本上每天去探视赵深，有时送饭。不久何立蒸决定自立门户，并且说服刘光华加入。

一次，刘光华在办公室见到一名年轻的女士来访，他问有什么事，女士回答："我找赵伯伯。"事后得知，她叫陈秉实，是赵深好友——刘敦桢夫人陈敬的亲戚。

随营造学社内迁的刘敦桢一直与赵深情谊甚笃，又与华盖建筑事务所有多项合作，素知赵深自小身体状况欠佳，又蒙此大难，但其时由于昆明城屡遭空袭，安全堪虞，加之营造学社经费来源不稳定，决定迁去昆明乡下，他自己无法亲致慰问。出于朋友关切之情，刘敦桢特意嘱托陈秉实代为探望赵伯伯。结果却出乎所有人，可能也包括赵深本人的意料。

赵深被保释转至医院后，刘光华向赵深表达自己意欲自行开业，以筹措资金日后出国留学，赵深竭力挽留，并立刻提出战后可以由华盖建筑事务所资助他继续深造的费用。但刘光华、龙希玉与何立蒸合伙自行开业是刘光华的心愿所在。

两位年轻的助手离开了赵深的事务所，但一位年轻的女性进入了他的生活。陈秉实，西南联大经济专业的学生，她的出现彻底颠覆了赵深的个人生活。这时的赵深，已是四位千金的父亲。

对于赵深而言，一段全新的感情或许是他在战争期间忍受的所有奔波磨难的最好的安慰，但是对于远在上海的原配夫人孙熙明来说，却不啻是个灾难。

第三章

在美国学建筑的

年轻时的赵深。
资料来源：赵深家属

赵深，字渊如，1898年8月15日出生于江苏无锡一个教师家庭。赵深自幼体弱多病，5岁时一场大病，医药无效，家人以为已死，临下棺前，母亲为其梳发时忽又醒来，养病2年，得以恢复。7岁时父亲离世。赵家本不富裕，父丧如雪上加霜，生计更为艰难，先是依靠父辈世交资助，后靠赵深两位兄长工作维持。

赵深自小聪慧，读书颇有天赋，考入清华时年仅13岁。由于个子小，据说他在投考清华学堂时，过北京四合院的高门槛是靠别人抱着过去的。在清华学习期间品行优良，曾于1915年以德育成绩获得清华学校[1]铜墨盒奖。1919年，因患肠瘘动手术，不幸留下后遗症，休学一年后才远赴美国，入宾夕法尼亚大学修建筑。但手术之后赵深肠胃一直不佳，深受其累。

在1962年赵深的《技术干部登记表》中，对于健康状况他填写的是"一般"，并注明"多年患肠胃病、气管炎、头

---

1 清华大学的前身清华学堂始建于1911年，1912年更名为清华学校，1928年更名为国立清华大学。

晕等症，坚持七八小时工作有些困难"。

清华学校是由庚子赔款所设立的，各省录取名额最初设定由各省缴纳税款而计，入学考试极为严格。学校对新生的管理也很严格。

由于清华是留美预备学校，学分与美国大学互通，因此课程安排与其他学校有所不同。既有用英语授课的美国课程，如英文、数学、地理、作文、公民、历史、物理、化学、政治学、社会学、心理学等，也有由中国教师授课的国文、修身、地理、历史、伦理学、中国文学史、哲学史等，体现"中西并学"的教学风格。赵深以优异的学习成绩被清华学校选为赴美留学的学生之一。这些庚子赔款的留学生们，不少成为学贯中西的大家。

据清华学子回忆，学校对体育也极为重视。体育老师马约翰坚持一套体能测验及格标准，如爬绳离地 15 英尺（4.57米）、100 码（91.4 米）赛跑 14 秒、跳远 14 英尺（4.23 米）、游泳 20 码（18.29 米）等，有一项不及格便不能毕业，更不能留洋。许多学生都吃过他的"苦头"。比如吴宓在校时体育不及格，校长批示："吴宓应留校一年，练习体育，医治目疾。"[2] 梁实秋在毕业前的体育测验中，游泳一直不过关，补考时，他拼尽全力游完全程，才得到马约翰的肯定："好啦，算你及格了。"[3] 一些不擅游泳的同学想出对策，由其他同学持竹竿在池边，趁着老师不注意借竹竿之扶助完成考试。不过这样的作弊更像是老师视而不见的宽容。

如果当年的学生能预料到他们毕业后要经历多年的战乱和运动，或许会感念马约翰坚持说服校长"这些学生必须要有强健的体魄"，是多么地重要。

自赵深进入清华学校并留学美国后，他日后的两位合伙人、终身的朋友童寯和陈植先后进入清华学校。童寯在清华时已听说过赵深的名字。童寯曾经回忆："我 1921 年进入清华之时，听过同学讲起赵深，说他是在美国学建筑的。我就开始把赵深当作样板。"他俩的第一次见面在费城。由于三人均选择进入宾夕法尼亚大学修建筑，共同的教育背景成为三人日后合作的缘起。

2　吴宓：《吴宓自编年谱：1894—1925》，生活·读者·新知三联书店，1995。
3　《清华校友通讯》1989 年复 19 期。

他们在宾夕法尼亚大学建筑系接受的是由巴黎美术学院导入美国的布扎（Beaux-Arts）教育体系，当时享誉全美的沃伦·鲍尔斯·莱尔德（Warren Powers Laird）[4]和保罗·菲利普·克瑞(Paul Philippe Cret)[5]是赵深的老师。宾大沿用了巴黎美术学院的图房教育模式，每个图房都设有负责人来指导学生设计课程，学生平时都待在图房设计和绘图。图房同时容纳了低年级和高年级的学生，彼此之间相互观摩和学习，形成一种教学相长的模式，老师也会依学生的水平和能力来权衡指导，不同的学生有不同的设计绘图要求。在教学之余，老师也会

4 沃伦·鲍尔斯·莱尔德（1861—1948），美国明尼苏达人，1885—1887年在康奈尔大学学习建筑学，之后6年在明尼苏达、波士顿、纽约建筑事务所工作。然后赴巴黎学习。1891年任教于宾夕法尼亚大学，1920年起到1932年退休，担任美术学院院长。他经常担任市和州政府的顾问。同时，他也是广东岭南大学的顾问、校董。担任过费城美术联盟主席。设计作品有明尼苏达维诺那公共图书馆、共济会大楼等。

5 保罗·菲利普·克瑞（1876—1945），法国里昂人，在宾夕法尼亚大学从教30年，是美国建筑教育史上的传奇人物。他在1920年代坚守法国巴黎美术学院的布扎教育，但在莎士比亚福格尔图书馆等设计中，又将传统的纪念性建筑和现代主义创新相融合，他的很多设计思想很前卫。代表作有费城Rodin博物馆、德克萨斯大学总体规划、费城本杰明·富兰克林大桥、华盛顿埃林顿公爵桥，以及很多纪念物等。很多建筑大师包括路易斯·康等都曾经在他的事务所工作。

要求学生利用暑假到事务所实习，以增加实习和实务的经验。不知道是否因为学生经常通宵达旦熬夜画图，图房清一色都是男生比较便利，宾大建筑系只招收男生。

当时的宾大在美国是建筑教育最顶尖的学校。"宾夕法尼亚大学之所以成为中国建筑留学生的青睐之地，是与其启发式的教学方法以及教师的个人魅力分不开的。在宾大的建筑教育里，设计研究被认为是建筑师的重要技能，也是建筑教学中最为重要的一个环节。宾大建筑教育非常强调建筑构造与建筑绘画这两方面的基本功训练，前者需要遵循各种建造原则，后者则影响学生对形式、色彩和比例关系的美学判断，它们之间的结合则构成了建筑师的必备品质。宾大建筑教育十分强调艺术与技术并重，认为艺术的各种表现形式，如诗歌、音乐、建筑、绘画与雕塑，构成了一种文化性的整体，因此，关于艺术的知识，对于真正意义上的建筑教育是必不可少的。"[6]

1922 年本科毕业后，赵深继续攻读研究生课程，暑假则

6　童明：《布扎与现代建筑：关于两种传统的断离与延续》，《时代建筑》2018 年第 6 期第 6-17 页。

到纽约一带的建筑师事务所实习。1923 年取得硕士学位后，赵深先后进入费城戴克劳德建筑师事务所[7]和迈阿密菲尼裴斯建筑师事务所工作。

孙中山逝世后，1925 年国民党在上海成立孙中山葬事筹备处，由杨杏佛陪同宋庆龄、孙科、何香凝等人赴紫金山选址，并制订了陵墓的场地范围、建筑材料、结构、风格等方面的规范，在《申报》《民国日报》等刊登悬奖公告，向全世界的建筑师和美术家征集陵墓设计图案，应征者来源皆不受限。此信息一出便受到海内外各界的关注。远在美国东岸的赵深获知消息，参加了竞赛征集，获得名誉奖第二名。赵深虽然人在美国，这一成功却使得他在中国建筑界声名鹊起。

之后赵深与宾大学霸杨廷宝结伴同游欧洲。杨廷宝在宾大时成绩最为优秀，并担任中国学生会主席。他 1923 年获赫克尔奖二等奖，1924 年获市政艺术奖二等奖、艾默生奖一等奖，获 1924—1925 年沃伦奖一等奖、1925 年获亨利亚当奖二等奖。

---

7 费城戴克劳德建筑师事务所（Day & Klauder），1913 年由 H. Kent Day 创立，合伙人为 Charles Zeller Klauder、Frank Miles Day，直到 1927 年 Klauder 独立执业。事务所完成了大量校园建筑。

1925年杨廷宝硕士毕业后被导师保罗·克瑞选中在自己的建筑师事务所工作。

赵深和杨廷宝考察了英、德、法、意等各国城市和建筑。受宾大布扎教育影响，他们的考察首重的是西方古典建筑，尤其以意大利的古典建筑和艺术为主。其间，二人皆留下了多幅写生水彩画。与他们结伴同游的，是孙熙明。

1927年赵深和杨廷宝结束游欧回国后各奔东西。赵深到上海偶遇李锦沛。杨廷宝则受邀加入了宾大学长朱彬和他的妻舅关颂声在天津开办的基泰工程司。

李锦沛，字世楼，祖籍广东台山。他是美国纽约唐人街第一位华裔建筑师，1900年出生于纽约华埠一个成功商人之家。李锦沛先进入普拉特学院进修建筑，后入麻省理工学院和哥伦比亚大学深造。现在纽约唐人街还留存着他的不少建筑作品。

李锦沛1923年受美国基督教青年会全国协会派遣，担任驻华青年会办事处副建筑师，协助主任建筑师阿瑟·亚当森(Arthur Q. Adamson)。当时美国基督教青年会欲兴建上海基督教青年会大楼，李锦沛曾在纽约的事务所和赵深共事过，深知赵深的设计能力，便将赵深介绍给阿瑟·亚当森，约聘赵

李锦沛，在绘图房，20世纪30年代末。

资料来源：Poy Gum Lee Archive

在宾大留学时期的范文照。　　　上海基督教青年会大楼，

资料来源：宾夕法尼亚大学档案馆　　　　　　1931 年建成

深为美国基督教青年会驻上海办事处建筑处建筑师，任期半年。但之后建筑处因缺建造经费被撤销。不久后，李锦沛创办个人建筑师事务所。

同年范文照也创办个人建筑师事务所，邀请赵深加入了他的设计团队。范文照是中英混血儿，年长赵深 5 岁，1893 年生于上海，1917 年毕业于上海圣约翰大学，获土木工程系学士学位，随后两年在系任算术测量教师。1919 年到 1922 年就读于美国宾夕法尼亚大学建筑系，与赵深成为校友。1925

（上）上海南京大戏院，1930 年建成。资料来源：范文照家属

（下）上海音乐厅，资料来源：UNO 工作室

年他参加南京中山陵设计竞赛获第二名。

　　1928年，上海基督教青年会大楼兴建经费筹备齐整，李锦沛、范文照两家事务所决定共同设计此项目。大楼于1931年建成。此项目尝试将中华传统元素，如飞檐、斗拱、琉璃瓦等在现代高层钢筋混凝土框架结构大楼上呈现。作为中国建筑师对民族文化的一种思考和运用，该大楼被认为是当时的经典之作。因其位于八仙桥地区，故得名"八仙桥基督教青年会大楼"。

　　赵深和范文照合作的另一重要项目是上海的南京大戏院。不同于八仙桥基督教青年会大楼，这座建筑是当时上海滩摩登的西洋古典风格。西方古典建筑讲究柱式、尺度、比例及对称的内外空间构图语言，这些是典型的宾大学院派布扎教育体系研究的重点，范文照和赵深运用得娴熟自如。但音乐厅原来的场地地形很复杂，马路不宽，如何在空间极度有限的情况下把大戏院做得很恢弘，设计难度很大。上海南京大戏院建成后，被誉为"上海的巴黎歌剧院"，声响效果极佳，吸引了很多音乐大师登台演出。1946年5、6月为庆祝抗战胜利，梅兰芳曾经在此连演13天。上海南京大戏院现在名为上

在美留学期间的孙熙明，1925 年。

资料来源：赵深家属

海音乐厅，虽然因城市高架道路施工被平移，离开了原来的环境，建筑有所改动，但迄今仍然是上海的音乐地标建筑。

1927 年上海特别市成立，当时市政府为了与市内的租界相抗衡，以华界的统一为契机，改变城市建设的落后，提出"大上海计划"，借由市府搬迁有效连接闸北、上海县城等华界区域，通过都市计划的推进，根本上解决华界面临的种种城市问题。1929 年，"上海市中心区域建设委员会"成立，负责都市计划的编制与执行，并实施"大上海计划"。同时，于 1929 年设立上海特别市市政府新屋设计规范，并公开悬奖征集新屋设计图案，赵深与孙熙明合作参加并获设计图案一等奖，奖金 3000 元。虽然之后赵深没能承接实施的设计委托，却通过这一竞赛再次提高了自己在上海建筑界的知名度。

这是孙熙明的名字第一次出现在公众视野。

孙熙明 1902 年 9 月 1 日出生于无锡。1920 年起，先后在上海圣玛丽亚学校和燕京大学接受教育。她家和无锡显赫的荣家是亲家，家境极为优渥。孙熙明和赵深是青梅竹马。赵深在宾夕法尼亚大学毕业实习时，曾专程回国求婚。两家订立婚约后，孙熙明随赵深一起到美国，进入宾大艺术学院美

孙熙明（右）与陈意（陈植的胞姐，左上）、林徽因（中）在费城，1925 年。
资料来源：赵深家属

赵深与孙熙明举行婚礼，1928 年。
资料来源：赵深家属

术系学习。与她同学的还有一位多才多艺的女性——林徽因。

1926 年，孙熙明从宾大艺术学院退学，1927 年 3 月跟随赵深到上海。1928 年，他们举行了盛大的婚礼。结婚照上的孙熙明，目光沉静如水，透出对美好生活的向往和自信。赵深则才华横溢，意气风发。从他微微闭合的嘴角，可以看出他的志得意满。这是一段美好的婚姻，一对璧人得到了大家的祝福。第二年，孙熙明的名字出现在新上海市政府大楼建筑设计得奖的名单上，与她的名字并列的是她的夫君赵深。这是属于她的作为建筑师的唯一高光时刻。

之后孙熙明的名字再次出现在公众视野，则是在她去世近 30 年后。"基石——关于宾大毕业的中国第一代建筑师"展览上，宾大毕业生中有两位女生的生平介绍和合影。其中之一是赫赫有名的林徽因，另一位就是寂寂无名的孙熙明。在南京的赵深的养孙女赵翼如由此写了这样一段文字描述晚年的孙熙明：

那年我到上海出差，照例去武夷路上的一栋小洋楼看望阿婆。晚饭后，她忽然把我带到二楼卧室，在暗影中低语：我剩下的日子不多了。有些事总要让你晓得，今天给你看几样东西。她推开了封尘已久的门。于是，我看见了她收藏了60年的建筑草图，连同她收藏的自己。

这是20世纪20年代——江湾新上海市中心政府大楼建筑设计图，由她和夫君赵深共同设计，曾获设计方案竞赛第一名。她留有亲手设计的部分底稿。还有上海南京大戏院（现为上海音乐厅）等相关设计资料。"唉，从前女人，说是水做的，一结婚很快就被圈成了一口井，成了围着家转的'屋里人'……"她叹息。

她的事业刚开始，孩子相继出世。紧接着日本人来了。赵深决定去大后方，让她留守持家。她耐心等着。积数年甘苦，却等来了男人另有故事的传闻。隐痛，在得知实情那一刻，我明白是什么了。换一个旧式妇女，也许容易认命。男人嘛，一盘菜通常是吃不长的，总要换些小碟子小碗。结局是阿婆的包容。也许这就是中国式女人，即便是头脑睿智的新派女性，处理家事也是老式做派。

阿婆的独特，在于她用一种智慧自救——任凭线条在纸上不规则地蔓延。直线、弧线、斜线，纵横有致的线条排列出各种建筑轮廓……隐隐有钟楼的尖塔，那细细的光束已把暗夜照亮。当她悄然打开草图时，黑夜就被关到门外去了。她在孤独的想象力中自我回旋。"把生活欠下的，交给美去完成吧。"草图，是她精神的泄密者，"在白天我什么都不是，在晚上我就是我"。

莫泊桑小说里有个场景：一对被人遗忘的老年舞蹈家，在巴黎郊外的墓地，忘情跳起已成"绝响"的宫廷舞蹈，整片树林和满天星星是观众……

我看见了惊心动魄的沉默。沉默中，那些线条自由地穿行于生活与梦想之间，渐渐转化成阿婆的淡定眼神和从容姿态。活在她嘴边的，只有"宽容"，"与不幸和解"。夫君被打成"特务"坐牢时，她却毅然"分享艰难"。乃至最后为赵深扶柩理丧的，也是阿婆……

那一夜，阿婆还给我看《中国大百科全书》中关于赵深的词条。一本厚厚的大书，就覆盖在她自己薄薄的草图上。历史的真实，也许就隐藏在这样的细节里。细节多半是隐没的，就像无人知晓阿婆的名字。（我后来在"美国宾夕法尼亚大学毕业的中国近代建筑师"名册里，看见了阿婆的名字。）

我更喜欢慢慢变老的阿婆。那时我家收到最多的来信之一，是阿婆的：繁体、竖排，不时夹几个英文。那些字长得一脸老祖母的慈祥，透着干净健朗。

那次临别，阿婆一直送我到大门口，站在那里反复叮咛：把背挺直！

印象中她的腰板总是挺直的，70岁还登上黄山峰顶，开起口来仍呱啦松脆，似有一股子气从头撑到脚。我隐隐觉得，假如她眼神里多一些无助，多一些软弱，是不是可以活得更舒展些？因为男人通常更容易向眼泪和弱小倾斜。

没过多久，她就把自己交还给天地，且把数万元存款捐给了慈善机构。（20世纪80年代那算一笔钱了。）

我的单位，一度在民国建筑集中的南京颐和路，父亲曾来带我走了一圈，指给我看长辈的设计留痕。父亲说，阿婆称得上我国最早留洋的女建筑师之一。他亲眼见过阿婆参与设计的图样，只是她自甘隐入背景。后来赵深到南京，参与设计了民国政府外交部等著名建筑……还获过中山陵设计方案一等荣誉奖 [8]。

8　应为二等奖，赵翼如原文有误。

孙熙明与女儿们。

资料来源：赵深家属

可不知为什么，我眼前只飘动着阿婆的草图，那里有一个生命的秘密信息，让我看见了一部厚重大书的背影。那些建筑，是男人站立起来的作品，很像猝然凝固的浪头。可浪头的依据是水，是水做的女人。建筑的整体，整块石头，整块砖，全是叫这些草图、这些水给砌牢的。

赵翼如笔下的场景，是年轻的孙熙明在 20 世纪 30 年代完全不可能预料的将来。在日本侵华战争全面爆发之前，赵深和孙熙明的婚姻是非常美满的。孙熙明陆陆续续为赵深诞下四位千金。从孙熙明带着几个女儿的合影上看，她脸上的笑容满足而且安逸，比起婚前，她明显丰腴。

更可喜的是婚后赵深的事业也是蓬勃向上，锐不可当。

第四章

均为清华校友

赵深在上海林肯坊工地现场。

资料来源：童寯家属

赵深在范文照建筑师事务所任职期间，范文照负责对外交涉业务，赵深则主要负责设计，两人通力合作，先后完成南京铁道部大楼、上海南京大戏院、南京励志社总社、南京华侨招待所的设计。这些作品都于20世纪30年代初建成。与上海南京大戏院的风格不同，南京铁道部大楼、南京励志社总社、南京华侨招待所是范文照和赵深对中国古典复兴的探索，体现了中华风格，也是回应社会环境和主办方的期待和要求。1927年制订的《首都计划》，对南京建筑形式作了明确规定：要以"中国固有之形式"为最宜，"一国必有一国之文化，中国为世界最古国家之一，数千年来，皆以文化国家见称于世界……国都为全国文化荟萃之区，不能不借此表现，一方以观外人之耳目，一方以策国民之奋兴也"。这些建筑设计作品引起了各界的关注。

范文照认识时任铁道部部长的孙科。孙科为孙中山陵园的建造定居南京。赵深经常出差南京察看铁道部工程，与孙科慢慢熟识后，与之关系比范文照更密切。

很快，赵深就离开范文照建筑师事务所，自办上海赵深建筑师事务所，原在范文照建筑师事务所任职的丁宝训跟随赵深。随后上海赵深建筑师事务所承接了上海大沪饭店设计。这个总建筑面积 7500 平方米、高 7 层的饭店,于 1931 年建成。建筑采取方正规矩的布局,没有浪费多余的空间,只在一层留出让行人穿越的骑楼空间,赵深在外墙面和柱子部分加了局部的中国图案装饰元素。[1]

　　1929 年南京总理陵园管理委员会在葬事筹委会基础上成立,1931 年聘赵深绘制由广州市政府捐建的各纪念亭图样,给予建筑费 5% 之酬劳费 8850 元,相当可观。1933 年建成的行健亭,由王竟记营造厂承建。行健亭平面为正方形,3 开间,屋顶为木结构的重檐攒尖顶,屋面覆蓝色琉璃瓦,上檐屋顶用 4 根圆支柱撑起,在每根圆支柱旁有 3 根方支柱支撑下檐。亭子共有 16 根柱子立在水泥方砖铺地上并涂以红漆,梁、柱表面和顶部及窗格皆用钢筋混凝土仿木结构形式的装饰表现,施以彩绘,主色调红蓝相间的亭子处于一片树林中,显得晶碧细致,体现了中国传统建筑中亭子的艺术之感。

1　黄元炤:《赵深:"中规中矩""平易朴实"的设计姿态》,《世界建筑导报》2013 年第 4 期第 29-33 页。

清华时期的陈植。

资料来源：陈植家属

　　这个项目为赵深在国民党政府高层积累了人脉，培养了声誉。很多高官后来成了华盖建筑事务所的客户。

　　1931 年，赵深在清华学校和宾夕法尼亚大学的学弟陈植离开东北大学，回到上海。赵深建筑师事务所更名为赵深陈植建筑师事务所。

　　陈植，字直生，1902 年出生于杭州著名文人世家。祖父陈豪，字蓝洲，号止庵老人，清末著名书画家。止庵老人有三个儿子——光第（早逝）、汉第和敬第。汉第是陈植的父亲，辛亥革命前后从事文化教育事业，与孙中山等关系密切。

陈汉第曾担任杭州求是书院（今浙江大学的前身）的监院，是创办人之一。他工书善画，长于写竹。这两代人的画作均为纽约大都会博物馆收藏和陈列。陈植叔父陈敬第，字叔通，曾任《北京日报》经理，后长期任上海商务印书馆董事、浙江兴业银行董事。

陈植天性乐观，在清华学校任基督教青年会（YMCA）俱乐部会长，以"青年会长"而闻名遐迩。由于他个子不高，同学故意念别字称他"青年会长（huì cháng）"。虽然他的个子没有因此谑称而变长，但他的寿命却真的"会长"，他是宾校毕业生中唯一活过百岁的。

1923年赵深在宾夕法尼亚大学取得硕士学位毕业，同年陈植入宾大本科就读。在美国同学眼里，陈植总是面带笑容，非常幽默，他和林徽因是中国学生里最西化的。陈植曾师从著名男中音歌唱家康奈尔（Horatio Connell）[2]教授学习了四年声乐，并随宾大合唱团受到当时的总统柯立芝（John Calvin

---

2　康奈尔（1876—1936），费城人，1900—1904年在德国学习声乐，开始艺术歌手生涯，1904—1909年在英国游历，之后返回美国，参加马萨诸塞州、芝加哥北岸、巴赫等音乐节，并在纽约、费城、明尼苏达交响乐团担任独唱。

Coolidge）[3] 的接见。陈植还是法国号的吹奏能手，当年在清华时参加了以梁思成为队长的乐队。陈植硕士毕业后去纽约伊莱·康（Ely J. Kahn）建筑师事务所工作，后又介绍同学童寯前去工作。童寯与陈植有共同的嗜好——古典交响乐。

1929 年，陈植接受同学梁思成聘请，到沈阳东北大学建筑工程系任教。在梁思成 1931 年 6 月离开东北去北平营造学社工作后，陈植也离开沈阳回到上海，一是他不能适应东北的严寒，二是他的长子陈艾先出生了。热爱音乐的陈植曾在上海大光明电影院举办独唱音乐会，在金陵大学也举办过个人音乐会。

上海赵深陈植建筑师事务所成立后不久，1931 年"九一八"事变爆发。位于沈阳的东北大学关闭，接替梁思成担任建筑工程系主任的童寯举家逃亡至北平。临行前，他将自己在东北大学建筑系教书所得收入尽数散发给学业在东北戛然中止的两届学生作为路费。流亡至北平的童寯，不久收到陈植邀

---

3 柯立芝（1872—1933），普利茅斯人。美国第 30 任总统。生于美国独立日，就读于艾默斯特学院，以在律师事务所实习、工作开始职业生涯，后从政，1918 年当选马萨诸塞州州长，两年后担任副总统。1923 年哈定总统在任上去世，他接任并于 1924 年成功连任总统。

陈植与童寯在宾大留学期间于设计教室中的合影，1926 年。

资料来源：童寯家属

请南下上海加盟的来信。赵深、陈植、童寯三人决定合伙，1932 年元旦创立上海华盖建筑事务所。

"华盖"之名由赵深的好友、陈植家的世交叶恭绰[4]选定，一寓意为中国建筑师在中国盖楼；二愿景为在中国顶尖，盖为"超出、胜出"之意。英文名 Allied Architects。华盖建筑事务所，[5]无论其中文名字还是英文名字，都非常贴切地预见了之后长达二十年其在中国建筑界的辉煌成就和难以撼动的领先地位，以及三位合伙人保持终身的令人感动的互相信任和诚挚友情。

4　叶恭绰（1881—1968），广东番禺（今广州市番禺区）人，字誉虎，号遐庵。清末举人。京师大学堂毕业。曾任清政府铁道督办。辛亥革命后，历任北洋政府交通总长、交通银行总理、交通大学校长、全国铁路协会会长。1923 年任广东军政府财政部长。1931 年任南京国民党政府铁道部部长。曾主持收回京汉铁路主权，创办交通银行，筹建交通大学。抗日战争期间，拒受伪职。1950 年从香港返回北京，任政务院文化教育委员会委员、中央文史研究馆副馆长、北京画院院长。1953 年参与发起组织中国佛教协会。是第二届全国政协常委。著有《遐庵汇稿》《历代藏经考略》等。有《叶遐庵先生书画选集》。《大辞海：中国近现代史卷》第 610 页，http://www.dacihai.com.cn/search_index.html?_st=1&keyWord=%E5%8F%B6%E6%81%AD%E7%BB%B0&itemId=344159.

5　这是事务所成立时候的名称，1946 年按中国建筑师学会的要求加了"师"字，即"华盖建筑师事务所"。

对于"华盖"的名字，童寯有自己的解释。紫禁城内的朝政三大殿，即太和殿、中和殿、保和殿，原名奉天殿、华盖殿、谨身殿。华盖殿，是位于故宫最中心的宫殿。从星象角度来看，对男性而言，华盖星意味着拥有帝王般高于凡人的成就和才华；在命理来看，系心情恬淡，资质聪颖，有文学才能和艺术才华，但不免有些孤僻。这样的名字童寯是极其中意的。

华盖建筑事务所在三位出色的合伙人的共同运营下，迅速崛起于上海滩，业务越来越红火，承担了很多重大项目的设计，如大上海大戏院、上海金城大戏院、南京国民政府外交部大楼、上海梅谷公寓、上海合记公寓、国立北平故宫博物院南京古物保存库、南京首都饭店、南京张治中公馆、南京马歇尔公馆、南京陵园中山文化教育馆、南京水晶台地质矿产陈列馆，等等。

1932年，赵深当选中国建筑学会会长。学会以"研究学术、互助营业、发展建筑职业，服务社会公益，补助市政改良"为宗旨，以"联络同业、组织团体，冀向社会贡献建筑事业之真谛"为目标，制定行业规范，促进学术交流，举行建筑展览，仲裁建筑纠纷。

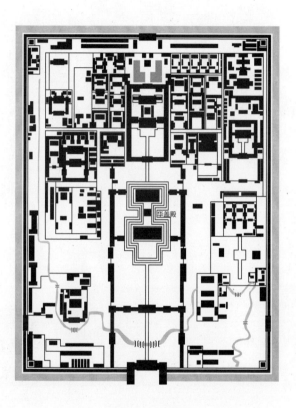

故宫中的华盖殿

（上图）中国建筑师学会全体会员合影，1933年。资料来源：《中国建筑》
1933年第一卷第一期

（下图）华盖建筑事务所接待厅。资料来源：童寯家属

1932 年 11 月，《中国建筑》杂志发行。赵深在发刊词中
谈及中国不能尽知建筑之重要和建筑师之高尚，并且开篇就
将建筑的优劣提升到国家文明的高度："建筑之良窳，可以
觇国度之文野。"他为《中国建筑》定的使命是"融合东西
建筑学的特长，以发扬我国建筑物固有的色彩"。首先要刊
登中国历史上有名的建筑，无论宫殿、陵寝、城堡、浮屠、
庵观、寺院，都要尽力搜访并探讨。创刊号发行后，各位建
筑师非常热忱地关注与参与。直至战争爆发，杂志仍然在运营。

1932 年，华盖建筑事务所设计了南京国民政府外交部大
楼，这是童寯加入华盖建筑事务所后参加的第一个项目。该
设计先由赵深做出平面图，童寯、陈植与其讨论外形处理，
根据功能需要决定总体布局，并且在檐口采用简化斗栱来体
现民族风格。建筑立面渲染图由童寯即兴挥就完成。国民政
府外交部大楼是中国近现代建筑史上一件里程碑式的作品，
既体现了对于中国传统建筑文化的继承，也体现了不落俗套
的创新精神。在当时盛行的复古潮流中，华盖建筑事务所始
终坚持新建筑方向。

1933 年 12 月 6 日，华盖建筑事务所设计的大上海大戏院

以美国电影《女性的追逐》首映开幕，立时吸引了众多观众。观众厅内共有超过 2000 个座位，厅内的流线型装饰和橡皮地板，都给人以非凡的现代感。大上海大戏院采用了当时世界最先进的帕拉斯（Pallas）放映机来放映电影，音响效果好，立时成为上海一流的影院。"大上海大戏院的外表，可说是一座匠心独运的结晶品。大上海大戏院几个年红管 [6] 标识，远远的招徕了许多主顾，是值得提要的。正门上部几排玻璃管活跃的闪烁着，提起了消沉的心灵，唤醒了颓唐的民众。下部用黑色大理石，和白光反衬着，尤推醒目绝伦也。"建筑评论甚至写了一首词《一剪梅》："昔日荒凉人忽俦，车似水流，马似龙游。银花火树解千愁，灯光衷衷，乐声悠悠。何时闲散效蜉蝣？一观壮楼，再领境幽，莫等白了少年头，岁不重秋，空叹荒邱。" [7]

华盖建筑事务所的另一项作品金城大戏院，被称为"国片之宫"，曾创造过《渔光曲》连映 84 天、天天爆满的纪录。

---

6 即霓虹灯。

7 《中国建筑》1934 年第二卷第三期。

华盖建筑事务所的早期项目，大上海大戏院设计图。

资料来源：童寯家属

华盖建筑事务所的早期项目，金城大戏院。
资料来源：童寯家属

许多电影选择其为首映之地，如《桃李劫》《风云儿女》等。
《风云儿女》的主题曲《义勇军进行曲》即后来的中华人民
共和国国歌，最先便是从此唱出。1935 年 8 月，国歌的曲作
者聂耳的追悼会也在此举行。"北京路冲，贵州路口，新式
之影戏院兀立，即金城大戏院也。按金城戏院，于最近日完工，
图样为华盖建筑事务所设计，采用最新式。除入口上部开辟
高大之窗数行外，另则设小窗几点而已。其余部分，则施之

以极平粉刷，不尚雕饰，为申江别开生面之作。"[8]

　　这两座戏院设计非常新颖，因为华盖建筑事务所三人早有共识——不做大屋顶。"大上海大戏院立面有八根空心玻璃柱子，内装霓虹灯管，从南京路北望是一大片灯光，效果特好。可惜后来金城大戏院、大上海大戏院立面上玻璃柱已全部拆除，面貌全非。"[9]

　　1936年，华盖建筑事务所设计南京中山文化教育馆。教育馆采用不对称立面，上端嵌饰琉璃花砖，气势宏伟，传神地表达了浓厚的民族风貌，又体现了现代性。

　　1936年4月，叶恭绰在上海发起举办中国建筑展览会，华盖建筑事务所的参展作品简洁洗练，别具一格。在展览期间，童寯发表题为"现代建筑"的演讲。此后华盖建筑事务所被建筑界誉为"求新派"。

　　华盖建筑事务所无论在项目数量、质量还是声誉、地位上，成功地在竞争激烈的上海占有一席之地，并迅速执建筑设计

8　《中国建筑》1935年8月第三卷第三期。

9　陈植20世纪80年代给童寯信。

（上图）华盖建筑事务所的早期项目，上海合记公寓。

（下图）华盖建筑事务所的早期项目，浙江兴业银行。

资料来源：童寯家属

（上图）华盖建筑事务所的早期项目，原国民政府外交部大楼。

（下图）华盖建筑事务所的早期项目，南京中山文化教育馆。

资料来源：童寯家属

华盖建筑事务所的早期项目，原南京首都饭店。
资料来源：童寯家属

市场之牛耳，和设在天津的基泰工程司并列行业顶尖，号称"南华盖北基泰"。

有趣的是，基泰工程司执掌画图房设计的是和赵深同游欧洲的杨廷宝。基泰和华盖在上海和南京的不少项目上有过较量和竞争。不过杨廷宝和华盖建筑事务所的三位合伙人保持了终生的友谊。

当时上海的建筑设计市场几乎被洋人建筑师事务所垄断。

"像华盖直接与外国建筑师斗争的事务所恐是独一无二。浙江兴业银行早已与英商通和洋行有书面协议。一旦建新楼时应由通和设计，后因华盖新成立，三位合伙人均有较好成就，因之，该行宁愿赔偿通和损失而取消协议，转而委托华盖设计。浙江第一商业银行在抗战前已由外国建筑师设计，已打好桩。后因华盖声誉较好，该行于 1947 另委托华盖设计。外国人的设计认为不好，将早已完成的施工图全部废弃。"[10]

童寯对赵深的能力极为认可："他人缘很好，容易和人接近，仅仅清华同学小圈子的拉拢介绍就是一大堆，再通过工程关系又是一大堆。赵深有组织能力，事务所内部用人和收支管理几乎负全部责任。"陈植说赵深胆子大，能够创新，敢于尝试。陈植坦承，华盖建筑事务所初创时期，三人中赵深起了灵魂般的作用。

陈植晚年回忆："在上海，渊如已离范文照建筑师事务所，自设事务所，正在设计大沪饭店西海大戏院。1930 年底我得

10　陈植 1994 年给方拥信。方拥，北京大学教授，1982 年于南京工学院建筑研究所硕士学习期间，童寯担任其导师。

浙江兴业银行委托设计上海总行大楼，因与渊如在清华和宾校熟识，他在沪已有声望，乃商之于他，于1931年成立赵深陈植建筑师事务所。旋又由渊如揽得南京国民党外交部大楼与上海的大上海大戏院，并已在进行设计，乃商定延聘伯潜从东北来沪。自1932年起事务所又更名为华盖建筑事务所（英文名Allied Architects）。三人合作整20年，自始至终非常融洽，竟未有任何龃龉，贵在意见相互尊重，设计共同切磋。我得益甚多，愧不如也。华盖之赵、童犹如基泰之杨、朱（仁辉的创作项目与范围超过朱彬）。基泰的伙伴四人与华盖的三人均为清华校友，一时成为佳话。" [11]

随着华盖建筑事务所业务范围不断扩大，收入也相应增加。赵深在上海租了一块地，为孙熙明母女们盖了自宅。她们还有了一辆气派的汽车，车牌号码是9134。一切都很美满，唯一的遗憾可能是赵家没有儿子。

1937年，上海的沦陷一夜之间打破了孙熙明相夫教女的美好时光。由于战争爆发，华盖建筑事务所业务几乎停顿。

---

11 赵深字渊如；童寯字伯潜；杨廷宝字仁辉。

上海沦陷后，孙熙明（后排左）准备偕家人取道缅甸前往内地，
为办护照，在惇信路 6 号院内与母亲邹氏（后排右）和
四个女儿赵庆闰、赵风风、赵彬彬、赵启雄合影。
资料来源：赵深家属

无奈三人各守一方，赵深常驻昆明，童寯兼驻重庆和贵阳，陈植则留驻上海处理本地业务。

赵深和童寯两家都没有料到，战争会持续这么久。从淞沪大战开始，仅仅四个月，首都南京被占领，之后中国的大部分国土以及东南亚地区很多国家均被日军占领。蒋介石政府对战争的残酷程度严重估计不足，他曾经准备三年苦斗，事实上却长达八年。赵深、童寯两个家庭为此都付出了巨大代价。

第五章

「苦与乐其实是一回事」

叶渚沛。
资料来源：童寯家属

抗战期间，童寯与赵深来往密切，抱团取暖。按华盖建筑事务所合伙人约定，赵深、童寯在西南承揽业务，主持设计，所有图纸都是注明："华盖建筑事务所，建筑师：赵深，陈植，童寯。"在上海陈植独人经营亦然。即使抗战进入艰难低潮，前途渺茫，华盖建筑事务所三位合伙人也从未放弃祖国必胜的信心。

1938 年春，童寯应华盖建筑事务所的老客户、资源委员会冶金学家叶渚沛邀请去重庆。

国民政府参谋本部所属的国防设计委员会（该会于 1935 年 4 月更名为资源委员会），是中华民国政府于 1932 年成立的负责重工业发展及管理相关工矿企业的政府机构。它实际上是抗战时期国民政府的最高经济领导部门，不但支撑了中国的抗战，而且为战后的中国工业现代化打下了基础。它下辖 121 个总公司，近 1000 个生产单位，涵盖钢铁、有色金属、机械、电机、电力、煤矿、石油、化工、水泥、制糖、造纸等一系列工业部门。战前华盖建筑事务所规划了整个南京资源委员会建筑群，并且设计了资委会在南京的办公楼、地质馆等项目。其中的冶金研究室，叶渚沛任主任委员，专门从

南京资源委员会规划方案，1933 年。

资料来源：童寯家属

事各种金属的提炼、合金实验和熔炉的研制等工作。

　　叶渚沛是菲侨，父亲反清复明失败后流亡菲律宾，后追随孙中山革命并改名为叶独醒，全家致力于中国的独立与强大。叶渚沛也在美国接受大学教育，比童寯小2岁。东北沦陷后，他放弃美国的工作和生活，于 1933 年左右回国。

　　接到叶渚沛从香港一起去重庆建设厂房的电报约请，1938 年 5 月，童寯抵达香港，随即和叶渚沛一起坐火车到广州，然后驾驶吉普车过韶关经湖南，在长沙停留五六日后，入广西到桂林，停留数日后到贵阳，至 5 月下旬全程历时两星期抵达重庆。叶渚沛随车带着他在纽约救助、后随他举家迁到香港的一只小猫，而童寯除了图板和三角板、丁字尺等建筑师必备的工具以外，还带了 RCA 牌手摇唱片机。抗战前在上海，他每天必定要听古典音乐，和陈植一样，对于音乐的爱好贯穿一生。两位志同道合者千里奔赴，为战胜日本侵略者各尽自己的专长。他们也是宾夕法尼亚大学的校友。叶渚沛的专业是冶金，因为他相信钢铁工业强则国强。

抵达重庆后，童寯和叶渚沛同住在青年会（YMCA）宿舍。叶渚沛交游甚广，凡到重庆的欧美记者，他都与之往来，童寯因之见过很多人，比如斯诺。斯诺前往延安采访毛泽东，在重庆期间，就与童寯同住在青年会。童寯还和叶渚沛参加了不少社会活动。

我们住重庆期间（直到我 1938 年冬季离开时为止），几乎每天都是同在街道饭馆吃饭。他只会讲厦门话，又是中文文盲，也不会讲普通话，我们谈话都用英文。所以他不但在饭馆要通过我才能选择饭菜，即旅途种种周折交涉以至详尽解释函电都需要我的协助。这可能是他约我由港到渝同行的动机。当然建筑厂房还是主要因素。重庆时每天他外出次数比我多些，有时他向我讲看见某工人到过某个地方，如有天他说会过英国驻重庆大使克尔爵士（克尔是英国左派贵族）。谈些什么我听后忘记了，大致是关于英国对中国的有什么援助的消息。

我又从他谈话中知道有白求恩大夫这个人。他对西班牙内战很关心，西班牙的巴塞罗那陷落了，共产党失败了，他是用沮丧的口吻讲的。王明（陈绍禹）和博古来谈过话，除叶和我在座外，是尚有其他人，我记不清了。谈些什么，大概是关于抗日战争前景。博古的话我听不懂，王明，很像是能说会道。美国女记者史沫特莱 [1]，那时住延安，和他常通信，

1　艾格尼斯·史沫特莱（Agnes Smedley, 1892—1950），密苏里州奥古斯都人，曾因支持印度反抗英国而被捕，1919年侨居德国时，与苏联和共产国际建立了联系。1928年在莫斯科结识理查德·佐尔格（Richard Sorge）。之后来到中国。她交往了鲁迅、郭沫若、宋庆龄等人，从事左翼宣传。西安事变时她做了系列现场报道。1937年到达延安，任职于延安鲁迅艺术学院外语部，担任过八路军总部随军外国记者。1938年参与筹办中国红十字救助总队，白求恩等外籍医生受其影响来到中国。

内容不悉，没问过。我们晓得斯特朗 [2] 是美国女记者，但那时他俩似未通过音讯。美国记者斯诺也来谈过话。斯诺 [3] 写的书《红星照耀中国》（*Red Star over China*），叶有一本，是介绍

1941 年回到美国后为中国募集捐款，1949 年流亡英国。1950 年去世，后归葬中国八宝山革命公墓。著有《中国在反击》《伟大的道路——朱德的生平和时代》等八本著作。与斯诺、斯特朗并称为"3S"。

2 安娜·路易斯·斯特朗（Anna Louise Strong，1885—1970），内布拉斯加州费伦德人。1908 年获芝加哥大学哲学博士学位。完成了大量新闻报道和 30 多部著作，向世界宣传苏联和中国，《中国的黎明》《中国人征服中国》等书影响很大。1921 年在苏联创办《莫斯科新闻》，1925 年起 6 次到中国，采访过蒋介石、周恩来、毛泽东等人。1958 年后定居北京，主编《中国通讯》。

3 埃德加·斯诺（Edgar Parkers Snow，1905—1972），密苏里州堪萨斯人。1926 年入学密苏里大学新闻专业。1928 年到访中国。1930—1933 年，担任美国"统一新闻协会"驻远东游历记者、驻北平代表，1934 年，斯诺兼任燕京大学新闻系讲师至 1937 年，讲授"新闻特写"和"新闻通讯"。同时担任美国《纽约太阳报》、英国《每日先驱报》特约记者。1936 年 6 月到 10 月，斯诺访问陕甘宁边区并采访了毛泽东、彭德怀、徐海东、左权、聂荣臻、程子华等红军领导人，成为第一个采访边区的西方记者。同年 11 月《密勒氏评论报》发表了他的采访文章《与共产党领袖毛泽东的会见》和由他拍摄的毛泽东头戴有红五角星的八角军帽的照片。1937 年 7 月斯诺完成《红星照耀中国》，10 月在英国伦敦出版。1938 年 1 月美国兰登书屋再次出版该书，2 月中译本改名为《西行漫记》在上海出版，成为畅销书。抗战时期筹集海外资金和物资以支援中国。1949 年后再次访问中国，并完成《复始之旅》《今日红色中国》《大河彼岸》等书称颂中华人民共和国。1972 年病逝于日内瓦。

中国共产党的最早英文刊物。还有美国记者如窦丁等数人，则不是左派。新西兰人艾黎 [4]（现在北京），他是孔祥熙在重庆主办的中国合作协会的一名成员，本来在上海英工部局工作，是中国通。他常来闲谈。还有德国记者兰道尔和英国记者史密斯，但没有苏联人（此外尚有美国老处女一名）。

叶不会俄语，未看见他和苏联人来往（那时有苏飞行员住渝）。这些人来闲谈时常拿蒋介石、宋美龄开玩笑，咒骂"四大家庭"。叶用什么方式集合这些国际左派，我不知道。

---

4 路易·艾黎（Rewi Alley, 1897—1987），新西兰斯普林菲尔德人。1927年，艾黎第一次来中国，担任上海公共租界工部局消防处虹口救火会小队长。1929年，艾黎结识了美国记者埃德加·斯诺。1932年末结识了美国记者史沫特莱、宋庆龄、鲁迅、冯雪峰、陈翰笙、黄华等人，之后同中国共产党建立了联系。1937年，艾黎短暂回国，访问欧洲、美国后返回中国。1938年4月创立中国工业合作社促进委员会，6年间发展迅速，工合产品供应军需和民用，募集海内外捐款，援助了20余万失业者和难民。1940年创办"培黎工艺学校"（兰州城市学院前身）。1950年后，艾黎决定留在中国。他开始写作，在新西兰和中国出版了53部书，并翻译出版了许多中国古代著作。1960年、1965年和1971年多次回到新西兰，促进中新建交。1972年获惠灵顿维多利亚大学授予名誉文学博士。1982年获"北京市名誉市民"称号，新西兰政府授予"英国女王社会服务勋章"。1985年，获甘肃省人民政府授予"荣誉公民"称号。1987年出版《艾黎自传》中文版。1987年在北京逝世。邓小平为艾黎的墓碑题写了"伟大的国际主义战士永垂不朽"。

炼铜厂设在化龙桥，1939 年开始生产，由叶助理孙景华（台）主持。叶住在城内，有时到厂。1939 年夏秋，敌机轰炸重庆，警报和轰炸频频，叶和全部班子搬到化龙桥厂内宿舍。我于1939 年冬离开重庆去上海，1940 年春到贵阳住下，和叶通过一次信，解放断了联系。1944 年我由贵阳到重庆，获悉他已去美国。1946 年我由重庆到南京，听说叶被蒋帮派到巴黎任驻联合国教科文组织代表。直到 1952 年左右，我接叶由北京来信，说他已到祖国。我随回他一封信。我 1953 年去北京，不知他住址，未见面，以后也未通过信。仅从朋友闲谈中听到他的消息。我只在国庆节在报刊上注意他的姓名是否在，登上天安门的人群中是否出现。

　　叶渚沛是我朋友中具有强烈左派色彩的人。他是否国际共产党我没问过。他没去过延安，不可能是叛特。他有进步思想，但纯技术观点并重，生活习惯、文化以至整个人生观，完全是资产阶级的，私生活也不够严格严肃。他的知识和常识丰富是惊人的，是典型的受过美国大学教育的人，但对于祖国文化遗产一无所知，因此只能算作半个中国人。但他于30 年代初期毅然决然离开纽约的职业而来南京，不可谓无爱国心，他和我谈吐之间，关于这一点，我这点予以肯定。[5]

叶渚沛在回到中国前加入了美国共产党和共产国际。1937 年全面抗战刚开始时，他从南京写信要求童寯从上海汇钱，用于八路军的物资采购。在重庆时，他和童寯资助白求恩购买药品和医疗器械，以及去延安的路费。

1938 年童寯设计了化龙桥重庆炼铜厂工房，1939 年设计了四川綦江纯铁炼厂工房、四川资中酒精厂工房。童寯负责设计的三个工厂，虽然战时工期紧张，材料简陋，但对于抗战意义重大。

战争的爆发急需大量的军工器材，对钢铁工业的发展提出了迫切的要求。炼铜厂和钢铁厂生产高精度的军用子弹、炮弹，对国家军事至关紧要。

1937 年 11 月，华盖建筑事务所童寯设计的冶金研究室奉命西迁湖南长沙。1938 年 2 月，国民政府资源委员会令叶渚沛在长沙设立日产一吨的精铜炼厂。3 月该会又决定在重庆建

5　《童寯文集（第四卷）》第 415 页。

（上图）工业建筑，资源委员会纯铁炼厂。

（下图）叶渚沛（左）与赵深（右）在重庆，1938 年。

资料来源：童寯家属

重庆炼铜厂，1938 年。

资料来源：童寯家属

设炼铜厂，并指派叶渚沛即来重庆筹措建厂事宜，童寯加入。
而冶金研究室其他人员仍在长沙建设精铜炼厂，于当年 7 月建
成，产出电解精铜 20 余吨，含铜量 99.94%。同月，因日军逼
近长沙，乃决定停产迁渝，与叶渚沛所筹建的重庆炼铜厂合并。

1939 年 4 月，重庆炼铜厂在重庆化龙桥建成投产，叶渚
沛任厂长。据叶渚沛在 1940 年 1 月所写的《重庆炼铜厂概况》
一文中记载："时运输困难已甚，故设计本厂之际……凡泊
来机器，就地装置……于此不能不缀一言者，前南京冶金研
究室人员在长沙创办一试验炼厂所获得之经验，实大有助于
本厂设计。本厂正式出品虽因缺乏原料及变压器而延迟数月
之久，然以南京人员之通力合作，因已使本厂于适当时期完成。
故谓本厂为前南京冶金研究室之后身，信无不可。"

重庆炼铜厂初创时有职工 200 余人，将川康、湘陕收集
的废杂铜、制钱等，在反射炉中冶炼成含铜 99% 左右的阳极
铜后，再放进沥青衬里的水泥槽内电解成 99.190% 以上的电
解铜，日产 3 吨。产品全部由抗战物资生产局分供给兵工厂
生产军火。但因受原料、电力不足及日本飞机轰炸等影响，
该厂一直未能达到设计产能。

资中酒精厂总体规划。
资料来源：童寯家属

　　1941 年 7 月，资源委员会决定将重庆炼铜厂迁往綦江县三溪镇，与 1938 年和 1940 年间设立在綦江三溪（今三江）的纯铁炼厂、炼锌厂合并，设厂部在綦江三溪，总经理为叶渚沛。该厂除继续经营、完善已有的铜、锌、铁三厂外，还在三溪增设电解铜、电炉炼钢、平炉炼钢等生产项目。至 1944 年，重庆炼铜厂全部迁出重庆市区，与三江的总厂合并，总称为国民政府资源委员会电化冶炼厂，产品主要供给兵工厂，电工厂，各飞机制造、维修厂和军政部所属的交通机械制造厂等使用。

　　该厂第一分厂生产铜、锌，主要供给兵工厂及电工厂；第二分厂试炼纯铁，曾出产品 30 余吨，供给本厂第三分厂炼钢原料；第三分厂以高周波电炉炼制各种特种钢，供应航空委员会各飞机厂和国民政府军政部各交通机械制造厂；第四分厂生产平炉碳素钢和轧制钢材，产品用户为国民政府战时生产局。全厂有铜、锌、铁及各种钢材等共十多种产品，享有"西南电化冶炼中心"的称号。[6] 从 1939 年建厂到 1945 年，

6　黄万金油：《三江电化冶炼厂的前世今生》，2015 年 6 月 23 日新浪博客，http://blog.sina.com.cn/s/blog_611d6c950102vv26.html。"黄万金油"为网名，原名蒋焰，重庆綦江区三江街道文化服务中心主任，负责《三江街道志》。

电化冶炼厂年平均生产精铜 500 吨，在非常困难的情况下，创造了当时世界上最先进的科技成果。

童寯负责设计的四川资中酒精厂也是抗战的生命线工程。战前国内石油自给率仅为所需的 0.2%，多赖于进口。全面抗战爆发后，沿海等地被日军占领，石油进口率锐减。1936 年毕业于北京大学化学系的陈茂椿与自己的老师，中央大学的教授、酒精专家魏岩寿等，利用糖蜜混合物通过发酵蒸馏，去掉白酒中的水分，研制出可以用来作飞机燃料的"无水酒精"。当时的报纸评论称此为"世界上一大创举"！

资中酒精厂厂长兼总化工工程师张季熙，1922 年留学德国莱比锡大学，获博士学位，是世界酵糖权威专家。厂助理工程师龚祖德，1935 年毕业于南京中央大学化学系。他们带领 400 余名工人夜以继日，最高日产酒精 4000 加仑，折合 14 吨，全面抗战期间共生产 4000 多万桶酒精，每桶 160 公斤，经沱江和成渝公路运往各地做军用动力燃料。1939 年，南宁失守及滇缅公路被封锁，国际物资线路受阻，汽油来源更加困难，国民政府明令全面实施以酒精代汽油。

1943 年 4 月 27 日，英国皇家学会会员、英国学术院院士、

（上图）资中酒精厂主体建筑方案。
（下图）建造中的资中酒精厂主体建筑。
资料来源：童寯家属

世界著名生物化学家李约瑟博士，与澳大利亚驻华公使埃格尔斯顿及黄兴宗秘书等，专程考察了资中酒精厂动力酒精生产技术。战后叶渚沛在联合国教科文组织与他共事。

1944 年 3 月 21 日至 4 月 14 日，国民政府资源委员会在重庆举办战时工业及科研成果展览会，有 100 多国所属企业参展。资中酒精厂参展并得到国际专家和同行的广泛认可。资中酒精厂产量高、质量好，同年 3 月，液体燃料管理委员会要求其为美军提供 5000 加仑无水酒精，用于飞机燃料。[7]

战时设计、施工条件非常艰苦，工期紧迫。据童诗白回忆，童寯在青年会的宿舍里几乎空空荡荡，两三张绘图桌放在屋子中央，占了房间大部分。正如赵深说的：建筑师，只要一支笔一张纸，到哪里都能工作。战时，勘察现场、工地监工事实上是非常危险和困难的，生命安全经常受到威胁。

从 1938 年 2 月至 1943 年 8 月，日军对重庆进行了长达五年半的大轰炸。炸死炸伤市民近 3 万人，损毁房屋 3 万余栋。1938 年 2 月，日机首次偷袭重庆市郊的广阳坝机场，拉开了

7　《抗日烽火中的资中酒精厂》，《内江日报》，2015 年 9 月 6 日。

（上图）桂林，拟建广西省政府新屋，1939 年。
（下图）贵阳南明区省府招待所设计方案。
资料来源：童寯家属

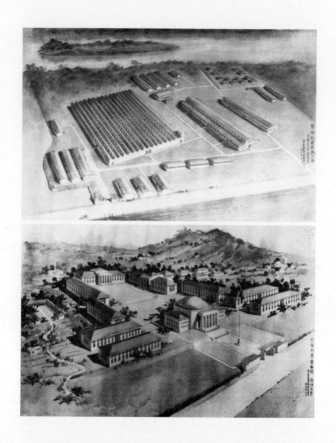

（上图）桂林，广西纺织机械工厂设计方案，1938年。
（下图）桂林，桂林科学实验馆设计方案，1938年。
资料来源：童寯家属

大轰炸的序幕。同年 10 月日军攻占武汉，将汉口万国赛马场和华商赛马场改建成能容纳几百架飞机的军用机场，赶修运城、彰德等机场，用于轰炸重庆。初期配置两个陆军飞行战队、两个海军联合航空队、两个航空兵飞行团，各类型飞机共 350 架，此后数量逐年增加。从武汉到重庆，空中直线距离 1000 公里，单程飞行约 3 个小时，空袭时间多为晴天或月夜。轰炸重点早期为军政机关，之后变成无差别轰炸。[8]

建筑师黄玉瑜 [9] 1942 年在云南现场测量地形时，遭遇日机

---

8 杨耀健：《苦难出诗 战乱励志——日军大轰炸下的山城重庆》，《炎黄春秋》2018 年第 11 期第 90-95 页。

9 黄玉瑜（1902—1942），广东开平人。11 岁参加幼童留学计划赴美。第一次世界大战时应征入伍，在弗吉尼亚州做营房建设。战后进入波士顿古力治与沙特克建筑师（Coolidge and Shattuck）事务所工作，1920 年就读于塔夫茨学院（Tufts College），1924 年就读于麻省理工学院建筑系，1925 年获建筑学学士学位，美国建筑师协会（AIA）会员。1929 年应南京市工务局局长林逸民之邀回国，任中山陵园管理委员会建筑师、南京首都建设委员会国都设计技术专员办事处正技正，协助美国建筑师墨菲（Henry K. Murphy）等人制订南京《首都计划》，与首都建设委员会荐任技师朱神康合作，获首都中央政治区图案竞赛第三奖（第一、二名空缺），并入选。1930 年组建广东信托公司，担任董事、建筑师，设计了岭南大学女子部、孙逸仙博士纪念医院新楼、华安合群保寿两广分公司等建筑。先后任教于岭南大学土木系、勷勤大学、中山大学建筑系。抗战期间随中山大学建筑系至云南，并负责

轰炸，死时年仅四十岁。黄玉瑜毕业于麻省理工学院建筑系，1929年全家回到中国。抗战期间全家避居香港，他把妻儿留在香港后随中山大学建筑系辗转至云南澄江，又服务于中美合作军工厂。战争是异常残酷的。这些坚持工作的建筑师，常常将自己的安危置之度外。

国民党政府1938年底退守重庆时，几乎没有人预料会在那里留驻七年之久。陈植的岳父董显光这样描述：

重庆不适宜做战时首都的理由很多，最显著的一个是交通的阻塞。整整七年中，我们客货运输，除了少量空运之外，大部分都靠穿过长江险峡的船只。这形势当然确保了受敌军进犯的安全，可是政府因此负起的军需供应的担子实在沉重。我们跟国外的交通在一九四二年以前不是靠往来香港的飞机，就要靠盘旋在中缅边界丛山中的公路。战争扩大而变成了全面世界大战，连这些跟国外接触的通道也给阻塞了。生活在

中央雷允飞机制造厂厂区营建和后勤。云南瑞丽厂区毁于战火后，1942年率技术人员前往云南保山勘测选址，不幸中弹，伤重不治去世。

童寯（左）与叶渚沛（右）。

资料来源：童寯家属

重庆颇有与世隔绝之感，但谁也不会有世外桃源的安全奢望。重庆的气候也使我们在滨海都市习惯阳光中生活者深感沉闷。重庆一年中最少有九个月全城都笼罩在浓雾中，令人透不过气来。其他三个阳光普照的月份，雾是没有了，可是热度飞升到像在蒸笼里！一九三八年迄一九三九年间政府官员连同大批西迁难民像潮水般涌进了重庆。那时候四川部分地方势力虽经安抚仍保持着割据的局势，未减狭隘的地域观念，视外来人为闯入的不速之客。[10]

　　童寯在重庆留下的大量文字，却从无一个字的抱怨和诉苦。繁重的工作之余，他还创作了很多诗词，留下了水彩写生。三个工厂完工之后他离开重庆去贵阳，之后再也没有见过叶渚沛。

　　叶渚沛1944年到欧美各国进行工业考察，战后受聘于联合国教科文组织，任科学组副组长，组长是李约瑟。之后他游历欧洲，娶妻生子，1948年回到纽约的联合国经济事务部工作。1949年中华人民共和国宣告成立，叶渚沛辞掉联合国

10　董显光：《董显光自传：一个中国农夫的自述》，台湾新生报社，1981。

的工作，1950 年带着妻儿再次归国。1955 年，叶渚沛受命筹备建立中科院化工冶金研究所，出任第一任所长。"文革"中，叶渚沛被关在"牛棚"，羁押长达 5 年，患病得不到医治，因直肠癌扩散于 1971 年离世。当时，女儿远在河南农村"插队"，之前一年儿子远去吉林"插队"。5 年中他利用写交代材料的纸笔写了大量论文。他曾表明："为祖国进行科研工作就是我的生命。"留下的唯一遗言是将藏书赠给自己工作的研究所。对于举家回到中国，他从来不曾后悔过。他虽然出生在菲律宾，一生忠诚于父亲对他的教育——奉献给中国的独立和强大。

与叶渚沛、童寯同车长途奔赴抗战后方的猫死在了重庆。那天早上叶渚沛离开宿舍上班时，猫不断地咬住他的裤腿。这样几次三番后，叶渚沛就没有出门。下午他发现猫咪蜷伏在地上已经安静地离世了。后来叶渚沛把这只猫的名字取作了他儿子的小名。战后童寯也开始养猫，并且爱猫至极。晚年孤独的童寯与猫时不时对话，有时猫咪趴在他的肩上，有时蜷伏在他的腿上，有时甚至蹲在他头顶。

童寯居住在贵阳和重庆的青年会时，频繁出差昆明。赵深住在昆明，也频繁出差重庆和贵阳。他们之间通信非常密切。

童寯也与当时的清华同学聚会，如在昆明的林同济[11]、梁思成、林徽因、张钰哲[12]等。

11　林同济（1906—1980），福建福州人，1926 年毕业于清华学校。1928 年获密歇根大学国际关系和西方文学史学士学位。1930 年获加利福尼亚大学伯克利分校政治学硕士学位，1933 年获该校政治学博士学位。1930—1932 年任教于加州大学和奥克兰（Oakland）的米尔斯学院（Mills College），1934 年回国任天津南开大学政治学教授。1937—1942 年任云南大学文学院院长，1942—1945 年任北碚复旦大学比较政治学教授。期间创办了《当代评论》《今日评论》，以 1940 年与雷海宗、陈铨合作创办的《战国策》影响最大，他发表了《从战国重演到形态史观》《寄语中国艺术人——恐怖·狂欢·虔恪》等文章，引起了广泛关注和争议。1944 年在重庆主办"在创书林"书社，致力于改造民族性，重建中国文化，主编《时代之波》。1945 年应美国国务院文化处的邀请，赴美进行学术交流，任教于奥克兰的米尔斯学院，之后担任斯坦福大学客座教授，发表了《中国心灵：道家的潜在层》。游历欧洲后回国在上海创立海光西方思想图书馆。1949 年图书馆被关闭，藏书归入上海图书馆。1958 年被划为"右派"。1979 年"右派"脱帽。1980 年受邀赴美讲学期间心脏病突发，病逝于加州大学。一生研究领域广博，思想深远在时代之前。晚年明言留在中国的原因："祖国不富强，我无心悠闲度日。"

12　张钰哲（1902—1986），福建闽侯人。1919 年入清华学校高等科。1923 年就读于康奈尔大学建筑系，1925 年转学到芝加哥大学天文系，1929 年获天文学哲学博士学位。同年回国任国立中央大学（即南京大学）物理系教授，1941 年任中央研究院天文研究所所长，1946—1948 年 3 月曾赴美研究交食双星光谱。1950 年任中国科学院紫金山天文台台长，兼任南京大学天文系教授。1955 年当选中国科学院院士，1960 年代曾参与人造卫星轨道、月球火箭轨道研究，期间被提审。1984 年退休，成为紫金山天文台名誉会长。1986 年在办公室突然昏迷后逝世，葬于紫

1937 年日军占领北平，在营造学社担任法式主任的梁思成和担任文献主任的刘敦桢，决定全家离开。他们和杨廷宝三家"一同离开北平，抵达天津后又一起踏上南渡之路"。[13]

旅途是艰难的。他们先是抵达长沙。在加入营造学社前，刘敦桢和柳士英在岳麓山下创立了湖南大学的土木系。湖南也是刘敦桢的家乡，但 1937 年 11 月起长沙受到日军的密集轰炸，并很快失陷。他们迁往昆明的途中，林徽因病倒，由于途中无法及时医治，她肺炎复发，从此落下病根，余生几乎一直缠绵病榻。1938 年 1 月，他们千辛万苦抵达昆明城后，几乎没有安定的生活。没多久营造学社从城内迁至郊外龙头村，以躲避日军对昆明城日益密集的轰炸。

梁思成夫妇在龙头村租住的院子里第一次也是唯一一次

金山天文台内一角。26 岁时成为首位发现小行星的中国人，将之命名为"中华"星。中国境内的第一张日全食照是他组织拍摄的。为纪念他，哈佛大学天文台发现的小行星 2051 被命名为"张"。2010 年 8 月 2 日，位于月球表面的 69.1° S 137.8° W 的撞击环形山被命名为张钰哲环形山。中国天文学的最高奖也以他的名字命名——张钰哲奖。张钰哲在书法、篆刻、素描绘画等文学艺术方面也有深厚的功底和修养。

13 刘叙杰：《营造学社：远去的名，不朽的功》，2020 年 7 月 17 日，http://www.xinhuanet.com/mrdx/2020-07/17/c_1210706994.htm.

为自己盖了房子。林徽因让女儿梁再冰在现场看看中国人怎么盖房子。梁再冰长大后才知道，那种施工方法叫夯土墙。那也是这对夫妇唯一被保存下来的旧居。

1940 年冬，梁思成和刘敦桢两家又随中央研究院历史语言研究所西迁到四川宜宾附近的一个小江村李庄。"艰苦的生活、旅途的劳顿和四川冬季潮湿、阴冷的气候终于使母亲的旧病恶性发作卧床不起，父亲脊椎软组织灰质化的毛病，也变得越来越严重。"[14] 1941 年林徽因最疼爱的三弟、刚从航校毕业不久的空军上尉飞行员林恒，在与日军的空战中牺牲，令她非常悲痛。

艰难险阻的战争岁月中，老同学聚会恐怕是他们坚持工作时最大的精神慰藉。正如童寯在他的《山人张居昂言别》一诗中所写的：

黄叶秋风带雨眠，梦中仿佛太平年。牂牁孤馆灯如豆，应怕锦官杜鹃啼。离乱谁堪老杜悲，慕看飞雁有归期。盼君

14　梁从诫：《林徽因文集·文学卷》，百花文艺出版社，1999。

剑外停骖处，正是传收蓟北时。明朝蜀道出秦陇，走向家山
近几重。却喜边城同作客，无缘逆旅不相逢。

　　梁思成女儿梁再冰 1941 年 6 月 29 日在昆明的日记中曾
记录："刚要洗澡，爹和童伯伯来了。童伯伯有东北口音，
很直爽。一来就是'得了，得了，甭管他！'对什么都很热心，
我觉得童伯伯倒怪有趣的。"据她说，那是她第一次见童伯伯，
印象很深，感觉她父母与这个童伯伯关系特好，一定是发小
儿。她从未见过她父亲见到童寯时表现的那个样子："两人
像小男孩一样拌嘴逗乐。"林徽因和童寯的共同爱好还有诗，
俩人都喜欢杜甫的诗。

　　战时很多学者生活窘迫。梁思成夫妇曾经不得不卖掉私
人物品，换钱贴补工作和生活费用。他们的至交费正清夫妇
被美国政府派驻中国，有时接济他们的生活。困苦的境遇摧
毁了林徽因的健康，她肺病复发，却无力就医，很长时间卧
床不起。梁思成甚至学会了为她注射。傅斯年曾经为梁家兄
弟写信给朱家骅，要求特别经费，提出不能让梁启超的儿子
们饿死。尽管有时没有收入，他们仍然在接续营造学社的工

作，调研记录古建筑。和他们的好朋友童寯、赵深、陈植一样，他们夫妇也是中国必胜的坚信者。

林徽因在给美国友人费慰梅的信中描述 1946 年 2 月重返昆明时的心情："我们遍体鳞伤，经过惨痛的煎熬，使我们身上出现了或好或坏别的什么新气质。我们不仅体验了生活，也受到了艰辛生活的考验。我们的身体受到严重损伤，但我们的信念如故。现在我们深信，生活中的苦与乐其实是一回事。"

晚年童寯曾提及他在重庆交往的对象：

贾幼慧，清华同学，抗战前任伪财政部税务总团教官，曾参加在上海的初期抗日战争 (1937)，重庆外事局，解放前是伪新一军新军长，1948 年逃往台湾。1953 年香港来人传说他因妻是一个共产党地下党员而被捕，后都被蒋处死，尚待证实。

田世英，清华同学，1930 年在东北大学作教师，抗日战争时去重庆，随被反动政府派赴美国充中国军事代表团成员。抗战胜利后在南京伪兵工署工作。解放前夕逃往台湾，他于解放前有家具多件寄存我家，已于解放后交与人民政府。

仲子龙，清华同学，抗日战争前在上海伪中央信托局工作，抗日战争期间移重庆继续工作。我于1944—1946年在重庆期间和他同住。抗日战争胜利后他回上海，仍任原职，解放后改在人民银行工作（上海九江路36号第一人民银行，住山阴路340弄22号）。

孙大雨，清华同学，抗日战争前在上海暨南大学教英文，抗战时期在重庆伪中央政治学校教英文，复员后经过解放在上海复旦大学教英文，反右期间被划为"右派"，现住上海。

傅鹰，1930年在东北大学与我同时教课，开始相识。"九一八"后他在北京大学教课，抗日战争时期在重庆大学化工系。后又去美国进修，1953年左右回国在北京大学作教师，校长。漏网"右派"，现住北京。

叶渚沛，菲律宾华侨。1934年左右由美回国，在南京伪资委会主管冶金实验工作。抗战期间继续迁往重庆工作，我为他的炼铜厂、炼铁厂设计厂房，并同住约两年。他于1940年去美国，后充任蒋帮驻巴黎联合国教科文组织代表，1953年回国，在北京中国院冶金研究所工作，直到现在，现住北京中国科学院中关村。

谌志远，清华同学，抗战前是上海大夏大学教师，抗战

贵州坝固，缉私总队官警教练所，1939。
资料来源：童寯家属

时期回到故乡贵阳，充伪省参政会参政员。胜利复员时，因和贵州军阀何应钦同乡关系，作为蒋帮受降大员之一到上海干接收工作，后在南京药学院当教师。解放后去四川，被分配到师范学院教课。他离南京时有家具杂物留存我家。

事实上童寯交往的人群，远比他反反复复被要求写的"交代"要繁杂。童寯所有的"文革"交代只字未提比他高一届、和梁思成同级的清华校友孙立人。

1939 年至 1941 年，孙立人在贵阳担任税警总队长官。之后童寯承接了贵州都匀坝固缉私总队官警教练所的设计。

孙立人、贾幼慧等人因公务来往内地时，至上海就客居童寯家。他们也为分处两地的童寯夫妇带递家信和生活费用。童夫人关蔚然负责接待，童寯的两个幼子则饶有兴趣地听他们讲述故事。童寯与孙立人性情相投，相处甚笃。

孙立人从小就有"把自身贡献给国家，将来要想法使中国富强起来，使中国人做强国的国民"的决心。[15] 虽然军人是一个特殊的群体，但由于清华是庚子赔款学校，雪耻去辱、强国富民的理想是这些清华学子共同的人生底色。

赵深与童寯两人在华盖建筑事务所设立了一小笔经费，用于接济生活困难的知识分子，如诗人梁宗岱，和童寯同为满族的作家老舍，同为清华校友的曹禺，以及张钰哲、刘敦桢等。

1943 年，刘淑清在昆明发起建造坤维慈幼院，收留战时孤儿和流浪儿童。赵深捐出了所有设计和监工费用。这是当

---

15 《孙立人回忆录》，1988 年 11 月 22 日到 1990 年 5 月 10 日连载于《中国时报》。

时非常现代化的育幼机构。"一座富丽精致的西式房子，分成教室、工作室、礼堂、饭厅、盥洗室和图书馆，后面有大的花园和运动场，应有的设施都很齐备。"[16]

1940 年始童寯为贵阳设计学校等文化建筑，其中有贵州大学、大夏大学、清华中学、贵州科学馆等。童寯在贵阳青年社与清华同学、金融学家杜仲合住。

"抗日战争时期，我和几位清华校友在贵阳办了一所清华中学，请清华老校长周诒春（寄梅）先生任董事长。周校长对童寯先生异常信赖，清华中学的远景建筑规划和各项土木建筑完全委托童先生设计。童先生尽心竭力，每周从贵阳城内步行二十公里到花溪清华中学现场指导施工。并因此同我们这些后学探讨各种问题。"清华大学 1936 级校友唐宝心回忆道。

清华中学在当时的贵阳非常重要。学校的校训和清华是同样的"自强不息，厚德载物"，课程设置和学生要求也沿用清华模式，如体育不及格则不能毕业。西南联大教务长潘光旦等人担任学校的校董。清华中学办学时间短却很快声名

16 《老吾老以及人之老，幼吾幼以及人之幼》，《观察报》1945 年 8 月 25 日。

（上图）贵州省立图书馆、科学馆、物产陈列馆规划方案。

（下图）贵州民众教育馆。

资料来源：童寯家属

贵阳花溪清华中学校园规划，1940 年。

资料来源：童寯家属

显著。梅兰芳当时避居香港，因为慕清华中学之名，将孩子梅葆玖、梅葆琛从香港辗转多地送至花溪就读。[17]

贵阳清华中学是私立学校，经费是四处筹措的，由很多热心人士慷慨解囊。华盖的校园规划和校舍设计全部为义务工作。这个项目童寯颇费心思，建筑设计既要体现与母校清华的一脉相承，又要节省造价。

1941 年 11 月 16 日，清华中学达公楼落成，当时的省主席吴鼎昌参加了盛大的仪式。[18] 虽然建筑工期紧张，材料经济简单，但大楼外观典雅优美，内部空间开敞。这是贵阳中等教育史上的一大成绩，也是清华人留在贵阳的一笔财富。

贵阳清华中学，成为清华学子们的精神家园，这一刻，每周花费几个小时独自步行于贵阳和花溪之间的建筑师，心情是复杂的。他比其他人更早地经历故土沦陷、离开家乡的流亡生活。他将自己长子的名字林炜改为诗白，取"思北"的谐音。东北是他再也回不去的家。

17　李振麟：《贵阳清华中学创办回忆》，《贵阳文史》2015 年第 1 期。

18　《花溪记忆》，中国人民政治协商会议花溪区委员会，2011。

第六章

「沙坪坝黄金时期」

1942年下半年起，华盖建筑事务所在云南的业务，由于战况的变化，基本陷入停顿。赵深酷爱建筑设计实务甚于教授学业，他认为：一个建筑师最好的工作总结就是实物，经过长期实践考验的建筑物。[1] 但由于经济原因，赵深一度不得不去学校兼职教书。

1940年到1944年，动荡的战时生活和艰苦的环境下，在主持华盖建筑事务所工作的同时，童寯仍然坚持他挚爱的建筑理论研究，完成并发表了《中国建筑的特点》《中国建筑艺术》《中国古代时尚》《我国公共建筑外观的检讨》等研究文章。

童寯毕生致力于学术研究和探索。1930年，在东北大学做教师时，他写了《建筑五式》《各式穹窿》《做法说明书》《北平两塔寺》等文章，并积极编撰建筑教材。1932年到1937年，他在华盖建筑事务所工作的余暇，独自一人，徒步踏勘，调查、摄影、测绘完成了江南园林的考察研究，并完成《江南园林志》一书，成为明朝计成《园冶》之后，近代园林研究最有影响

1　赵深女儿赵明回忆。

的著作之一。同时，他在林语堂、全增嘏[2]主编的英文刊物《天下月刊》中用英文发表《中国园林》《满洲园》《建筑艺术纪实》《中国建筑的外来影响》等文。1939年冬季到1940年春，他在短暂绕道越南，经香港返回上海时，参与中国文化系列的研究，负责《中国绘画史》和《中国园林设计》等的写作。《中国建筑史》《中国雕塑》《中国绘画史》《西藏建筑》《日本近现代建筑》《东南园墅》等的写作，其资料的收集和整理工作从20世纪30年代一直持续到他的晚年。

1944年，童寯又从贵阳回到重庆。

1944年秋天，除了负责华盖建筑事务所业务外，童寯应邀在沙坪镇中央大学建筑系教课。这份邀请他斟酌了很长时

2　全增嘏（1903—1984），浙江省绍兴人。1923—1925年就学于斯坦福大学，获哲学学士学位。1927年获哈佛大学哲学硕士学位，曾在该校修毕博士课程。1928—1937年先后任教于中国公学、大同大学、大夏大学、光华大学、暨南大学，任英文《中国评论》周刊编辑、《论语》杂志主编、英文版《天下月刊》编辑。1939年任立法院立法委员。1942年任教于复旦大学，兼任图书馆馆长。1958年始参编《辞海》。著有《西洋哲学简史》《不可知论批判》，主编《西方哲学史》等，译作《哥白尼和日心说》《爱因斯坦论著选编》《华莱士著作集》《自然科学史》等。1984年病逝。

间才接受。十多年前，童寯正是因为一份来自大学的邀请而改变旅欧行程回到中国——1930 年 9 月童寯应梁思成邀请，回国至沈阳东北大学建筑工程系教设计课。

"九一八事变"后，东北大学停课，师生陆续离校，大部分先后到达北平。1932 年部分在北平复校上课，建筑系留在北平的同学，本来在沈阳最高班才开始三年级，到北平后，没有教师，无法复课，联名向我来信问怎么办。我拟定一个办法，建议他们二十多人来上海用私立大夏大学名义借读，我晚间抽空为他们补设计历史等课（后来又请朋友帮教结构课）。他们集体生活，吃住在一起，用东北大学给我的津贴（每月一百元不到）作为补助食宿费用。他们接受这个建议，北平东北大学同意后，就都于 1932 年春天来到上海，我已为他们在沪西曹家渡租妥房子，他们就住进去开始学习。我白天在事务所工作，晚饭后到他们住所主要教设计课和其他一些课，有时星期天也去上课，这样下去快到两年，于 1934 年夏初才结束，算作大夏大学毕业生，由大夏大学教育学院院长陈选善（现在北京教育部）来讲一次话，后来又由东北大学发给建筑系毕业证书。他们毕业后马上由我和其他朋友把他们分别介绍到上海私人事务所作绘图员。我自己的事务所也留下两三个，他们经济可以独立，就陆续离开曹家渡，搬到其他地方，和我见面机会也就少了。

东北大学建筑系同学"九一八"后到他校（如南京伪中大建筑系与清华大学土木系）借读者外，就集到上海来由我给补课毕业的，其中除萧鼎华补习不久，就离开而为建筑材料商行工作，其他如刘致平（现在北京清华）、郭毓麟、刘鸿典（两人现在西安建筑工程学院建筑系）、林宣、费康、张镈、曾子泉、马俊德（现在台湾）、王先泽、丁凤翎、刘国恩、石麟炳、常世维（现在贵阳）、张连步（现在九江），这些人中学业较优的，给我印象深，姓名面貌到今天还记得，如平平成绩，又不多讲话，随这样长久转间，我就很模糊了。孙继杰同学就是这类的人，我连他的姓名都回忆不起来，现在在路上遇见肯定不认识。上述在上海的同学，除萧鼎华外，都是东北人，年岁在 20 到 25 岁之间。他们在沈阳时期，那时在军阀统治之下，没听说有什么公开政治活动，秘密活动我不清楚。在上海时，白天他们有课程作业，是自修性质，

东北大学建筑系师生合影，1931年年初。

前排左一蔡方荫、左二童寯、左四陈植、左五梁思成。

资料来源：童寯家属

我不在场，个别人出去做什么活动，我不知道。晚间由我给他们补课到九十点钟，我离开以后，是否有人外出活动，或参加什么组织我也不知。

这是童寯在"文革"时期的交代材料。童寯的学生中有林徽因的弟弟林宣。东北大学关闭后，他没有去北京和梁思成、林徽因一起，却南下投奔童寯，并且在他的帮助下完成学业。这批学生是第一批中国建筑教育培养的种子。

除了担责于东北大学流亡学生的教学，在上海的业余时间他还在之江大学建筑系兼课，同时还为华盖建筑事务所的员工上夜校，做从业培训。童寯似乎天生是一名教育家。

他设计清华中学时，曾经与创办人唐宝心谈及自己对教育的体会，要求他们"一定教育学生鄙薄金钱，追求高尚理想"，并建议教师们"在教学之余，时刻不忘进修"。

受聘中央大学的过程，"文革"时童寯在交代材料中简单描述为："那时设计任务不多，技术经济二者都挂不了帅，发不了'国难财'，一个出路是到教学工作岗位上去，在沙坪镇伪中央大学建筑系安身。"

1940 年，杨廷宝在重庆。
资料来源：童寯家属

　　事实上，这份安身也是他余生的立业。童寯认为："建设我们这样大国，仅靠几个建筑师不行，要通过教育培养出成千上万的建筑师，也只有通过教育才能使人们对建筑有科学的认识。"

　　刘光华回忆他邀请杨廷宝、陆谦受等建筑师到中央大学教书是一举而成，但邀请童寯费了些时日和口舌：

　　1937年"七七"事变揭开了全面抗战的序幕。日寇"八一三"炮轰上海，8月19日南京空袭。当时中大校长罗家伦得到教育部的批准，将全校师生、图书、仪器设备等全部撤到千里以外的重庆。我当时刚刚念完一年级，也接到通知去重庆报到。9月份我一路辗转，途经武汉而抵达重庆。这时才打听到校址在沙坪坝。一个月以后校址方初具规模，宿舍是一座可容纳200余人的大房间，而建筑系教室尚在建造中，只好借用重庆大学工学院教室先行复课。当时的系主任是卢树森教授，还有老系主任刘福泰[3]教授，教授谭垣[4]、鲍鼎[5]、李祖鸿[6]，

---

3 刘福泰（1899—1952），广东宝安人，近代中国建筑教育先驱。1925年获俄勒冈州立大学硕士。1925年回国参与中山陵设计和修建。1927—1934年任中央大学建筑工程系主任，1933年与谭垣合办刘福泰谭垣建筑师都市计划师事务所。1937—1940年再任中央大学建筑工程系主任。1945—1946年任贵州大学土木工程系主任。1946年筹建北洋大学建筑工程系。1948年任唐山工学院系主任。1952年调往天津大学。同年去世。

4 谭垣（1903—1996），1929年毕业于宾夕法尼亚大学建筑系，回国后加入范文照建筑师事务所。1931年起任教于中央大学建筑系。1937年兼职于重庆大学建筑系。1947年任教于之江大学，1952年任教于同济大学建筑系。著有《纪念性建筑》。

5 鲍鼎（1899—1979），湖北蒲圻人。1932年获伊利诺伊大学硕士学位，1932—1945年任教于中央大学建筑系，1940年在师资力量最匮乏时，身兼多职，四方延请，创造了中央大学建筑系的沙坪坝"黄金时代"。1949年后任武汉建设局局长、武汉城市建设委员会主任、城市规划委员会主任。

6 李祖鸿（1886—1942），后名李毅士，江苏武进人。1903年赴日，1907年转

助教张镛森⁷，王秉忱⁸等。

　　那时高班同学常说，京剧有"四大名旦"如梅兰芳等人，我们建筑界也有"四大名旦"，即杨廷宝、童寯、李惠伯和

赴英国，1912 年毕业于英国格拉斯哥美术学院（Glasgow School of Art），是中国最早赴英国学习美术者之一。1916 年毕业于英国格拉斯哥大学物理系。1916 年回国任教于北京大学理工学院。1918 年获聘为北京大学中国画法研究会导师、国立北京美术学校西洋画科主任。1922 年，与吴法鼎等人共同创办阿博洛学会。1929 年前后任教于中央大学艺术系、建筑系。抗战时期赴重庆任国立中央大学建筑系教授，后因对当局不满而辞职，以卖画为生。代表作有《长恨歌画意》《宫怨图》等画作。

7　张镛森（1909—1983），江苏武进人。1926 年入学江苏省立苏州工业专科学校，1927 年转入中央大学建筑系。1931 年毕业后任助教。1932 年任职于总理陵园管理委员会。1940 年任教于中央大学。1946—1947 年任职于南京资源委员会，1947 年后任教于中央大学，1949 年后任南京大学、南京工学院教授。

8　王秉忱（1910—1976），浙江黄岩人。1930 年入学中央大学物理系，后转入中央大学建筑系。1932 年十九路军抗日时参加过义勇军，上过前线。1935 年毕业后留校任系主任刘福泰教授的助教。1940 年到宝鸡加入申福新公司，主持设计了宝鸡纱厂、面粉厂、造纸厂、申福新公司办公大楼、职工疗养院等。1952 年任中南军政委员会建筑处设计室副主任。1954 年设计处改组成中南设计院后任副总建筑师，负责设计了中南设计院主办公楼、东湖疗养院、武昌火车站、武汉长江大桥桥头堡、武汉剧院、武汉电视台等。他热爱摄影、木工、缝纫，还能修钟表、汽车，被称为"百科全书"和"万能博士"。1966 年 6 月被定为"反动学术权威"和"三反分子"，1969 年定为"现行反革命分子"。1973 年改为"反动资产阶级分子"。1976 年去世。

陆谦受（当时杨在重庆基泰工程司，陆在重庆中国银行，童在贵阳华盖建筑事务所，李在昆明兴业建筑师事务所）。如能聘得他们来教书，一扫几年来师资不足的现象，建筑系定能大大提高教学水平。想当年，年轻气盛，说干就干。我又去见卢院长，卢原本就关心系里的师资状况，一听之下竟欣然首肯，并嘱我先探探杨、陆的口风，如有可能，他就即刻下聘书。时因张铸、方山寿两位学长在基泰工作，我拜托他们约见杨先生。中大建筑系是国内最有历史也是最著名的建筑系，杨早已有意为国家培养人才而尽力，为此一拍即合；陆是我早就认识的，谈后也无问题。

后来华盖的工程出了一些问题。赵叫我向在贵阳的童寯先生汇报，谈公事之余我也一再提及去中大教书之事，童先生没有直接答复我。而后在童去重庆之先，我又函告鲍先生童将去渝的信息。不久，童在沙坪坝兼课的消息传来，沙坪坝的同学梦想成真。聘请"四大名旦"的工作就此落幕。从此，中大建筑系虽没有一流的校舍，却拥有了一流的师资，各以所长，教育后辈，成了名副其实的培养中国建筑师的摇篮。

至此，不能不想到刘敦桢（士能）先生。记得在昆明的时候，因敌机轰炸，基泰避往乡下龙头村，中国营造学社也迁址于斯，大家暂住一古庙中。我也常去基泰，因此经常见到刘先生。刘非常关心系里的教学情况，事无巨细详细询问。之后营造学社解散，他重回建筑系。他以严谨的工作作风、不苟的研究态度为建筑系的成长作出的贡献，为教师与同学们作出的榜样，均是有目共睹的。[9]

这是中央大学建筑系的"沙坪坝黄金时期"。

校园建在一个小山头上，由老一辈的兴业建筑师事务所的徐敬直建筑师主持规划设计。中轴线由大门直通山顶，上山的踏步左右分设公共教室、女生宿舍、教工俱乐部及图书馆。环山道旁顺等高线布置各系教室。建筑系教室是单独的一座，与艺术系隔路相对，所有的建筑采用当地的构造方法，即立贴式木架加上青蝴蝶瓦，墙是竹笆双面粉石灰，室内无平顶，

9　刘光华：《回忆建筑系的沙坪坝时期》，载潘谷西主编《东南大学建筑系成立七十周年纪念专集：1927—1997》，中国建筑工业出版社，1997。

以灰土夯作地面，与南京的教室有天渊之别，可是在大后方能有这样的条件，大家都非常高兴。

学校生活较南京时苦，伙食不好，但尚能果腹。宿舍是一大空间，整齐地排了木制双层床，每间可容二百四十人，晚间不很安静。我们每日晨起都集中到校门外操场举行升旗礼，唱救亡歌曲，如《松花江上》和《义勇军进行曲》，不少同学，特别是女学生因远离家人和家乡，边唱边泪流满面。[10]

日军对重庆进行狂轰滥炸时，中央大学中弹上百枚，实验室、大礼堂、宿舍被炸毁，员工伤亡10余人。校长罗家伦说："最近两次被炸，损失颇大，但被炸者系物质，不能炸毁学校的精神。"全校师生在暑假期间加紧抢修校舍，使中央大学成为沙坪坝区最早开学的大学。[11]

在中央大学建筑系担任教职，是杨廷宝、童寯、刘敦桢三人共事的开始。

---

10 同注释9。

11 杨耀健：《苦难出诗 战乱励志——日军大轰炸下的山城重庆》，《炎黄春秋》2018年第11期第90-95页。

南京美军顾问团 AB 大楼，1947 年。

资料来源：童寯家属

抗战胜利后，美国派马歇尔使华调停武力冲突不断的国共双方。1946年1月10日，划时代的政治协商会议召开。

蒋介石在政治协商会议闭幕式发表演讲，赞扬政治协商会议具有"和平、民主、统一和团结"的精神，但和平计划很快就被重燃的战火破坏。苦熬经年迎来的抗战胜利并没有带来安宁和稳定的生活。

童寯作为50多个代表之一，以无党派人士的身份参加了政治协商会议。他从此远离政治，认为政治只有利害，没有是非。

第七章

沦陷后的上海

童林夙（右）与童林弼（左）。

资料来源：童寯家属

　　童寯出生于 1900 年，是沈阳人。1925 年从清华学校毕业，赴美国宾夕法尼亚大学留学。

　　童寯虽然不喜交际，但和杨廷宝一样，是宾大的明星学生。在学习期间曾多次参加建筑设计竞赛，数次获奖，其中包括全美大学生建筑设计竞赛——1927 年获得二等奖（博物馆），1928 年获得一等奖（教堂）。在 1928 年的亚瑟·斯佩德·布鲁克纪念奖（Arthur Spayd Brooke Memorial Prize）设计竞赛中，童寯更是获得金奖第一名，该竞赛在全美有近五十所大学建筑系参加，评委主席为芝加哥著名建筑师雷蒙·胡德（Raymond Hood），而宾大此前仅有克雷和哈伯森教授曾获此奖。[1]

　　毕业后童寯由陈植推荐到纽约工作。之后赴欧洲游学，并于 1930 年 9 月由美国回到家乡沈阳，接受宾夕法尼亚大学舍友梁思成邀请，出任东北大学建筑工程系教授。1931 年梁思成赴北平营造学社任法式部主任后，童寯担任系主任。不料"九一八事变"发生，童寯举家避难到北平。不久童寯应

1　童文、童明：《童寯年谱》，载童明，杨永生编《关于童寯》，知识产权出版社，2002。

清华同学陈植邀请抵沪，和赵深、陈植在上海组建华盖建筑事务所。次年，夫人关蔚然携长子至沪，全家就在上海落户了。1933 年 12 月，二子童林凤在上海出生。1935 年，三子童林弼在上海出生。

1941 年 12 月 7 日，日军偷袭珍珠港，太平洋战争爆发，上海公共租界全部被日军占领，而法租界由于法国已投降德国，所以日军并未立即占领法租界，但进驻并接管了法租界的事务。自此，上海全部沦陷。当时童家就居住在法租界。

童寯 1938 年离开上海后，曾于 1939 年冬到 1940 年春，绕道越南，经香港返回上海与家人团聚。然后又去重庆、昆明等地。长子童诗白随父亲离开上海去重庆，并于 1942 年到昆明西南联大就读电机系。夫人关蔚然则带两名幼子留在上海。

童寯的二子童林凤在 2015 年抗战胜利 70 周年之际写文回忆了童家在上海的生活：

1938 年母亲和我们由法租界的林肯公寓搬入位于胶州路和康定路口的安乐邨 7 号和秉志先生住在一起。我们称他秉大爷。每天晚上我和弟弟还有他们家 4 个孩子围坐在秉大爷

安乐邨的小弟兄们，右一翟永辉、右二童林夙、右三童林弼。
资料来源：童寯家属

脚下，秉大爷一面端着一大碗有辣椒的面条津津有味地吃晚饭，一面有声有色地给我们讲鬼故事。我们有时被他讲得毛骨悚然，不敢下楼。后来逐渐明白他讲的鬼实际上是指日本鬼子。他们住在二楼，我们住在一楼，一直到1947年我们全家搬至南京。

安乐邨位于康定路818弄，是个弄堂，有40户人家。鱼龙混杂。有少数日本人住在安乐邨，也有自由职业者（如教育、科技、医生、记者等）；有汉奸、也有抗日分子。多数是生意人。我们就是在各种人中间生活的。

安乐邨弄堂里大概有十几个从6岁到二十几岁的青少年，每天在弄堂里一起碰头、玩耍、谈论。不过这批年轻人分两拨，20岁以上的在一起玩，6岁到20岁以下的小朋友在一起玩。我和弟弟自然是在小朋友一组，而我哥哥则属于20岁以上的大朋友一组。我哥哥由于年纪较大（比我大13岁）有威信，自然成为大朋友的头头。我由于敢于打抱不平，保护比我年纪小的孩子则成为小朋友的头头。

从1938年到抗日战争胜利的1945年，我在安乐邨的生活是终生难忘的。我从4岁开始知道区分好人和坏人。到抗日战争胜利，我在安乐邨的经历是饱受了屈辱。在上海沦陷时期，我们尝到了亡国奴的滋味。从1941年底，太平洋战争爆发开始，上海全面沦陷。安乐邨东面的胶州路小学就被日本宪兵队驻扎。门口有日本国旗。每个中国人从门口走过都要脱帽向日本国旗敬礼，没有戴帽也要鞠躬敬礼。我们小时候出门就被母亲告知不要走宪兵队门口，宁可绕远路过去，这就给出门带来许多不便。因此，我们从小就憎恨日本国旗。

我于1939年开始在安乐邨西边的延平路中学读初中。到高一时，学校规定每个人必须学习日语。教我们日语的老师是个日本老头，从日文字母开始学。当时我们班上有60名同学，很奇怪我们没有联系但心却很齐，都对日语很厌恶。上课时，故意讲话，不注意听讲或做其他事，也不交作业。由于全班学生都这样，所以日本教师也不敢对大家怎么样。到学期末进行考试，我们交流一下考试结果，发现全班没有及格的，有的甚至交白卷，例如我就交了白卷。但是到了公布考试成绩时，全班都被及格了。老师在结束课程时还对大家鞠躬说声谢谢就交差了。每个学期都这样。真不知这位日语老师采用什么手法对上面蒙混过关的。

在安乐邨时，我们小朋友经常在一起玩，弄堂里有一个日本小孩，想和我们一起玩，但是大家都不愿意，都排斥他。有一天弟弟哭着跑来对我说日本小孩欺负他，因为日本小孩一定要和我弟弟玩，我弟弟不愿意，日本小孩就欺负他。我一听就火了，立即跑去和日本小孩理论，然后我和日本小孩打起来了，我把他推倒在地。日本小孩爬起来就哭着跑了。我还在那里没走，没想到小孩向他父亲告我打了他，他父亲就恶狠狠地跑过来要抓住我，我一看这情况，撒腿就跑，好在那个日本鬼子穿的是木屐鞋，跑得没我快，但差一点被他捉住，最后被我逃掉了。当天我不敢回家，在马路上流浪一夜。第二天我偷偷回到家里，见了妈妈，将情况说了一遍。可是我偷偷回家的事还是被那个日本鬼子知道了，他到我家当着母亲的面将我打了一顿。母亲由于害怕被人告状，说我们家是抗日家属被抓到宪兵司令部，因而没有什么行动，只是对那个日本鬼子说小孩子打架大人不要管。但是日本鬼子才不听呢，对我照打不误。事后，我在床上躺了两天才缓过来。从此，我对日本人恨之入骨，迟早有一天，我要报仇的。

无独有偶，我们家吃饭的米是在日本宪兵队部附近的胶

1940 年，童寯（左上）回到上海与家人短暂团聚。

资料来源：童寯家属

州路上的一家店里买的，走过去虽然不经过宪兵队部但是会经常遇见日本兵巡逻。有一天，母亲和弟弟去胶州路米店买米，回来路上遇到一队日本兵，他们看到母亲和弟弟就吆喝：什么人的干活？母亲不愿和他们搭腔，就和弟弟快步地走，到后来干脆跑了起来。日本兵一看这情况就跟了过来。一直追到安乐邨，我母亲和弟弟一转弯就进了屋，幸好未被日本鬼子看见，逃过了一劫。但是我母亲却由于受到过度惊吓而躺倒在床上，由于当时没有医生看也没有药吃，硬挺过去，留下了后遗症，严重心律不齐，以致56岁就过早去世。

1945年8月15日前，我从母亲和秉大爷口中陆续得知美国向日本投了两颗原子弹。8月6日投到广岛的原子弹，8月9日投到长崎的原子弹，8月8日，苏联正式对日宣战。8月9日零时10分，苏联百万大军分4路越过中苏、中蒙边境，向驻守东北之关东军发动全线进攻，全面击溃日本关东军。他们说日本鬼子日子不长了。我们小孩当然十分高兴。那个日本鬼子一家在那些日子躲在家里不出门。

1945年8月15日一早，我们就得到日本将要投降的消息，大家特别高兴。一时鞭炮齐鸣，激情呐喊，场面确实激动人心。我那时得知弄堂里那个日本人要跑掉，机不可失，我立即跑到日本人住的地方用上海话大喊："东洋乌龟出来！"连喊几遍，日本小孩出来了。他们正准备离开安乐邨，我上去一步，抓住小孩衣领将他痛打一通。一面打，一面喊"你们也有这一天"。这时小孩母亲到我母亲面前告状我打她小孩的事，我母亲冷冷地对她说"小孩子的事，大人不要管"，把她顶了回去。那个日本鬼子始终没有敢出来。围观的人看见了我都鼓起了掌，说"打得好"。我这时才感到扬眉吐气。当天中午，那家日本人就搬离安乐邨不知去向。

日本自 1945 年 8 月 15 日中午，由天皇向全体日本人民广播宣布日本投降后，9 月 2 日签署投降书。大批日本军人集中，准备撤回日本。国民政府宣布由汤恩伯率第三方面军接收沪宁地区。9 月 12 日，在上海举行了受降仪式。上海正式光复。

在安乐邨期间，我和弟弟与弄堂里的小孩们混在一起，母亲怕我们学坏，对我们的教育煞费苦心。她在胶州路上发现了一个很小的福音堂，每周做一次礼拜，牧师是一个讲福建方言的老人。每次宣讲的内容都是劝人为善的。所以母亲每个星期日就带我和弟弟来听讲，老人还教人学钢琴，母亲就要我们跟他学钢琴。然后母亲在拍卖行里买一架外国人逃离上海时低价卖出的钢琴，我们就这样被母亲套在钢琴上，因为每星期要弹奏给牧师听，所以平时不得不花很多时间在弹钢琴上。

母亲还要我们用毛笔写大字，写得好的大字有奖励。后来还请了英文教师教我们英文。这样，我们就没有很多时间在弄堂里玩耍了。在那个黑暗的时期，这样的教育也算是不错了。总算我们没有学坏。当然这些教育是要付出代价的。

母亲平时很辛苦，我父亲有时从重庆托人带些钱给我母亲，加上母亲有时向父亲同事在上海的家属借些钱，生活总算过得去。就这样我们勉强渡过在上海沦陷区的那段黑暗的生活。至今，我对母亲还保持深深的愧疚感，小时候我太调皮，使她经常为我伤心和紧张，影响她的健康。

1945 年 8 月抗日战争胜利，国共两党和谈，召开政治协商会议，父亲应邀代表无党派人士参加会议，但和谈没有结果，内战再起。

抗战胜利后，父亲和母亲通信较多，有时父亲的朋友路过上海都会到我们家看望我们。例如父亲的清华同学新一军军长孙立人、贾幼慧等。有时赵深的朋友由重庆到上海,父亲也会托他们带口信或书信给母亲。

1946年父亲所在的华盖建筑事务所返回上海,父亲与我们团聚了。但是父亲随即赴南京负责华盖建筑事务所在南京的工程项目并兼任中央大学教授,所以在上海时间不多。于是父亲在南京亲自设计盖了一所房子,请当时有名的营造商承建,并邀请我们兄弟三人到南京参观他设计的房子,由于父亲没有多少钱,又不准营造商赠送房子,所以房子较小,有点"寒酸",遭到我们三兄弟一致否决。然后向母亲回报说"房子太小,不行"。哪知母亲只是一笑了之。

房子于1947年建成。全家依依不舍地向秉大爷告辞,感谢他们一家对我们一家的照顾和讲的那些鬼故事,离开上海搬至南京,终于和父亲能长期在一起生活了。

童寯夫人关蔚然曾经三次携两名幼子试图由上海赴重庆和丈夫团聚,但都未能成行。1938年,他们计划经由武汉去重庆,但当年10月武汉失守。1939年他们决定经由长沙去重庆,但由于长沙大战又失守而作罢。1941年他们意欲经香港去重庆，但香港于 1941 年 12 月沦陷，又未走成。1944 年童寯创作了《甲申寄内》一诗给妻子："对镜青丝白几根，最贪梦绕旧家园。西窗夜雨归期误，羡听邻居笑语温。"留学期间他曾经在寄回家的一张照片上题了李商隐的《夜雨寄北》："君问归期未有期，巴山夜雨涨秋池。何当共剪西窗烛，却话巴山夜雨时。"

赵深夫人孙熙明也在为家庭团聚而努力。她曾经为赵深的母亲、自己和女儿们办理护照，不顾远道计划从上海往缅甸，再进入云南与赵深团聚，但是也未能成行。战事的发展超出所有人的预期，旅途万分困难而且危险。

孙熙明和童寯夫人关蔚然一样，即使在战时也非常重视女儿们的教育。四个女儿赵庆闺、赵彬彬、赵凤凤、赵启雄如她们的阿姨孙熙治、孙熙仁一样，都进了圣玛丽亚女中 [2] 就

2　圣玛利亚女中（St. Mary's Hall）是美国圣公会 1881 年在上海创办的一所著名的教会女子中学。因学生多来自中上等家庭，被称为贵族教会女校。教育特色在于英文、家政和音乐舞蹈。1952 年和中西女中合并成为上海市第三女子中学。原址建上海纺织高等专科学校。2005 年上海政府将地块出售，用于房产开发，除钟楼以外所有建筑被拆除。

孙熙明与四个女儿。
资料来源：赵深家属

赵深与孙熙明。
资料来源：赵深家属

读，分别为 1946 届、1948 届、1950 届、1951 届。这所中学
的校友很多来自名门望族，像这样上下辈都是校友的，也是
学校引以为豪的。她们都学业有成，后来有两位成了中央音
乐学院的教授。除了抚养女儿们，孙熙明还赡养着赵深寡居
多年的母亲。所幸她一个妹妹嫁给了富有的荣家，赵深的家
用款子由于战争造成的隔离无法及时交递到她手里时，她在
生活上还能有接济来源。

孙熙明和童寯夫人关蔚然来往非常密切，情同姐妹。赵
深家的孩子都叫关蔚然"童家姆妈"。她俩也在抱团取暖。

关蔚然和陈植家走动也很频繁。陈植的长子陈艾先到南
京读大学时长时间住在童家。他是过敏性体质，有哮喘，关
蔚然对于他的一日三餐都予以悉心准备。他说自己从小一直
被童寯夫人待如己出。

华盖事务所的另一位合伙人陈植留守上海，独力支撑华
盖建筑事务所在上海的业务。他和全家虽然没有离别之苦，
但沦陷区的 8 年也颇为不易。

第八章

告别和留守

陈植与董鹭汀结婚照。
资料来源：陈植家属

上海沦陷后，新建项目越来越少。陈植一人留驻上海，他设计了大华大戏院、合众图书馆。之后业务基本停顿，陈植拒绝接受有任何日本背景的设计委托。

浙江兴业银行董事长叶景葵自银行大楼由华盖设计后，十分信任华盖。他看到战乱时期许多图书馆珍贵图书被毁，他有个宿愿要盖一个私人图书馆，抢救珍贵图书。他与商务印书馆董事长张元济为发起人，自捐十万元加上募捐十万元共二十万元，选择租界长乐路富民路处，请华盖事务所陈植设计图书馆馆舍。这位酷爱图书的银行家在图书馆西侧特地请陈植设计几幢花园洋房，其中临近图书馆一幢他自己住，并与图书馆签订协议，25 年后住宅归图书馆。

诞生于烽火中的合众图书馆堪称是中国图书馆，甚至是世界图书馆历史上的壮举。

据战时全民通讯社调查，战争全面爆发后，公共图书为日本侵略者掠运，北平约 20 万册，上海约 40 万册，天津、济南、杭州等处约 10 万册。[1] 私家藏书也遭覆鼎之劫，如平

1　王鹤鸣：《纪念合众图书馆创办 80 周年》，《文汇报》2019 年 9 月 27 日。

湖葛氏传朴堂毁于战火，湖州刘氏嘉业堂和卢江刘氏玉海堂遭劫。时任浙江兴业银行上海总行董事长的叶景葵，商请商务印书馆董事长张元济，同盟会元老、前江苏省省长陈陶遗共同创立合众图书馆，函邀时任哈佛燕京图书馆北平主任的顾廷龙南下担任图书馆总干事。命名合众者，取"众擎义举"之义，各出所藏为创。

陈植的叔父陈叔通致信因战事滞留汉口的叶景葵，告知他张元济不顾自身安危，几度前去战火线上的叶家兆丰别墅，收拾整理藏书。叶景葵因此萌生创立图书馆，拯救文化遗珍于战火浩劫的宏愿。"谋国故之保存，用维民族之精神。"[2]

1941 年 9 月 1 日合众图书馆于长乐路 746 号开馆，但从没有挂牌，也没有开过正门。这所从诞生之日起就不欲引人注意的低调的图书馆，除了发起人外，陈叔通、叶恭绰和各私人藏书家纷纷将收藏送来，至 1946 年时，其馆藏已达 14 万册。来馆查阅的名家不计其数，甚至包括赵深、陈植、童寯在清华的老师陈寅恪，还有童寯的邻居秉志。这是中华文

2　《呈为设立私立合众图书馆申请立案事》，1946 年。

化"弦歌不辍"的一个奇迹。

1987 年孙熙明在她二楼的卧室，给赵翼如展示了她收藏的建筑图纸，除了上海八仙桥青年会大楼、上海南京大戏院外，还有"跑马厅后的上海图书馆设计草图"。[3] 她在很多个黑夜留在纸上的线条，如同战争给无数个家庭留下的伤痕，隐入了历史的深处。她的四个女儿在缺失父爱的痛楚中成长，做出的选择除了远远地逃离家，还有对于独立工作的坚持。

华盖建筑事务所三位合伙人的事业深受战争影响，陈植的岳父董显光却在仕途上飞快地上升。

陈植的胞姐陈意，燕京大学毕业后赴哥伦比亚大学学习家政。她在赴美途中认识了同船去美国学习音乐的董显光的长女董鹭汀，抵美后经她介绍给弟弟相识。很快两个年轻人就成为恋人，美国毕业后在日本举行了婚礼。董显光当时是著名报人，后成为国民政府政要。

董显光出身贫寒，中学未毕业时，因父丧不得不停止学业。他到浙江溪口龙津中学教英语时，蒋介石是他班上的学生。

---

3 赵翼如：《静夜里的独幕剧》，《上海文学》2009 年第 11 期第 80-84 页。

在教会的支持下，他重续学业到美国留学，从巴克学院和密苏里新闻学院毕业后到哥伦比亚大学修新闻学。

"我在哥伦比亚大学普利兹学院的攻读，可说是我一生中最具刺激经验的一个阶段。"哥大新闻学院的教授堪称一时之选，有著名的学者和教育家威廉士（Dr. Talcott Williams）博士、前《纽约论坛报》编辑主任麦克阿拉纳（Robert L. Mac Alarney）教授、《纽约时报》采访主任马修斯（Franklin Mathews）教授等，他们都对董显光进行精心而热情的指导。他所在的这一班级只有15人，其中爱克门（Carl W. Ackerman）后来成为世界闻名的记者，欧吉士（Iphigene Ochs）小姐当了《纽约时报》的发行人，傅兰瑟（Leon Fraser）则成了美国政府的财政部次长。读书时董显光兼在《独立》（The Independent）杂志社担任特约书评撰稿人，并在市内一些报社兼做记者。一次，美国前总统西奥多·罗斯福来到纽约，董显光前去采访了罗斯福。

在哥大读硕士研究生时，董显光接到母亲病重的通知，回国途中恰遇已卸去临时大总统职的孙中山。董显光抓住时机，以美国一家报社记者的身份，采访了孙中山，并把访问内容写成报道，寄给了纽约的一家报纸。他对孙中山的采访和报道使得他被孙中山推荐进入报界，担任《中国共和报》（*China Republican*）副编辑。这家报纸由国民党主办，是国民党在上海公共租界和法租界经营的六家报纸中唯一的一份英文日报。孙中山的英文秘书马素任编辑，英籍人士荷博（R.I.Hope）为总编辑。董显光从这里开始了他在中国的报人生涯。

1934 年，董显光经蒋介石介绍加入中国国民党，这位成功的报人开始从政。起初，董显光在国民党军事委员会上海办事处负责检查外国新闻电讯。全面抗日战争爆发后，董显光升任国民党军事委员会第五部副部长，不久又改任国民党中央宣传部副部长。他负责营造当时中国中央政府的国际形象，在战时争取西方媒体对于中国对日抗战的支持。

随着上海战事的进行，董显光由上海至南京设立大本营。上海、南京相继陷落，武汉一度成为战时中国的政治中心，他又到武汉。武汉大会战后他又转至长沙，后在重庆 6 年半，直至抗战胜利。数度转移过程中他都是先让同事和部下撤离，自己坚持到最后一刻，赢得了赞誉。如在武汉时机场已被日

董鹭汀与董显光。
资料来源：陈植家属

军占领，他下午仍然主持新闻发布会，向外界传递坚持抗战、绝不屈服的无畏精神，后昼伏夜出，步行历时十天才从武汉到达长沙。

1939 年年初，董显光化装为一个农夫，在香港搭乘一艘英国商船潜入上海。他秘密会见了滞留上海的英国驻华大使阿基鲍·卡尔（Achibald Clark Kerr），劝对方把大使馆移往重庆。他访问了《纽约时报》著名记者阿朋（Hallet Abend），在辞出时，原密苏里大学的同学、时任日本同盟社副主笔的崛口迎面走来，险些被认出。

董显光冒死回沪还有一件私事，就是安排爱女董鹭汀和女婿陈植一家离开上海。董显光为了长女全家的安全，断绝彼此通讯、不知安危好几年，他和夫人为此经常黯然神伤。在重庆期间，董显光为躲轰炸，有一次差点失足坠落江中送掉性命，董鹭汀那天晚上在上海竟然做梦看见父亲的险遇，父女情深至此。但是陈植夫妇决定留在上海，因为当时陈植父亲在病中需要照顾，无法长途旅行。另外陈植还有未毕业的学生放不下。

1934 年陈植筹建上海沪江大学建筑科。黄家骅、王华彬、

陈植（前排右二）与王华彬（前排右三）在之江大学任教。
资料来源：陈植家属

哈雄文、伍子昂、罗邦杰、陆南熙、萨本远等人先后担任教职。其中不少是他在清华学校和宾夕法尼亚大学的校友。1936年2月沪江大学建筑科师生聚会，欢送黄家骅教授赴川。不料战争很快爆发，更多的人要选择告别和留守。沪江大学自1934年至1946年，前后共办了十余期，原任课老师和毕业、肄业同学共350余人。[4]

1938年，陈植和后来成为工学院院长的廖慰慈先生共同商议在土木工程系的基础上筹建之江大学建筑系。1939年聘请到了当时沪江大学建筑科主任王华彬兼任系主任。1940年左右，建筑系在上海正式成立。1941年由于太平洋战争爆发，英美等国卷入战争，原来尚属安全的教会学校此时也无法自保，于是之江大学内迁云南，而建筑系由于人数不多，且考虑到师资问题，特许留在上海，在南京路慈淑大楼内完成学习。1945年抗战胜利后，之江大学迁回杭州，形成一、二年级在杭州上课，三、四年级在上海慈淑大楼上课的惯例，并一直延续到1952年全国院系调整，之江大学并入上海同济大学之时。

---

4 沪江大学（建筑学专业）校友通讯录，1983年12月。

　　曾在之江大学任教的主要教师如陈植、王华彬，以及谭垣（1946 年来到系中）等都是美国宾大留学生，因此该系的基本教学思想深受宾大的影响。系中教师还有罗邦杰、黄家骅、汪定曾、吴景祥、颜文樑、张充江、陈从周以及毕业留校的助教吴一清、许保和、李正、黄毓麟、叶谋方等。[5]

　　1950 年之江大学经费紧张，欲撤掉上海慈淑大楼的留沪建筑系迁回杭州校舍，但高年级建筑设计老师均在上海开业，无法去杭州兼课。陈植时任建筑系主任，亲赴杭州向校长提出建筑系高年级继续留沪，师资和办学经费力争自给。他不仅在延聘教授、安排课程方面煞费苦心，还要筹措经费以渡难关。比如聘请陈从周来开设中国建筑史，学校没有相关预算，他就从自己的工薪中划出兼课薪酬。绘图教室光照不够，画具也简陋，他又用自己的薪金为教室装添日光灯，每个画桌装抽屉。1952 年院系调整，之江大学和圣约翰大学并入同济大学，陈植又去同济大学兼课至 1954 年后离开教学岗位。

5　钱锋、王森民：《20 世纪 20 年代美国宾夕法尼亚大学建筑设计教育及其在中国的移植与转化》，《时代建筑》2019 年第 2 期第 166-171 页。

对于教育的倾心尽责，陈植与童寯可谓知己。

1950 年之江大学建筑系师生合影上，王华彬仍然如同五年前，坐在陈植的右侧。他们曾并肩支撑着上海"孤岛"的建筑教育。晚年王华彬和陈植有一张并肩的合影，虽然容颜已改，但两人间的默契依然。

童寯的长子童诗白 1942 年毕业于之江大学土木系。他没有子承父业。比他低一届的建筑系毕业生金瓯卜，是中国建筑史上很重要的人物。1952 年金瓯卜成功地说服了他的老师陈植关闭私人建筑事务所。他创办了中国第一家国营建筑设计院华东建筑设计公司，即华东建筑设计院，赵深、陈植、罗邦杰等 5 人任总工程师，赵深兼任总体设计室主任。赵深至爱的、他和陈秉实的女儿赵明后来也进入华东建筑设计院工作。

董显光、陈植的重大分歧在 1949 年再次上演。1949 年 2 月，除了大女儿、女婿一家，董显光带着妻儿从大陆撤到台湾。董显光在台湾定居后牵挂留在上海的董鹭汀，又专程回沪两周，劝说陈植全家随董家离开大陆，但陈植决意留在上海。董鹭汀与陈植育有两男两女。董显光提出能否将女儿女婿的四个孩子带离，同样被拒绝。董显光退而求其次，希望陈植夫妇能考虑两个年长的孩子跟他走，年幼的孩子跟随父母，也没有得到应允。董显光直到解放军逼近上海时才怅然返台。

董显光深受蒋介石、宋美龄夫妇信任，曾于1942年陪同蒋夫人宋美龄女士赴美就医，并争取美国各界支持，轰动全美，并于1943年随蒋介石、宋美龄夫妇出席中国唯一参加的战时高峰会议开罗会议，负责国际宣传工作。董显光不知道，国共两党的多次交锋中，华盖建筑事务所在西南事务的重要委托人之一叶渚沛作为他的宣传工作的对立面发挥了不可替代的重要作用。叶渚沛不仅为3S（史沫特莱、斯特朗、斯诺）协会捐款，通过斯诺把捐款送到延安，还资助一些有志青年奔赴延安，利用自己的住所和所辖工厂掩护中共地下党员。1941年，周恩来派人与叶渚沛联系。叶渚沛当时任国民政府资源委员会冶金部主任，兼任重庆炼铜厂厂长和电化冶炼厂总经理等职。他为周恩来与英国使馆代办安排了一次秘密会晤。几天之后，英国媒体播发了这次会晤的内容，为共产党发声谴责国民党。

董显光一生追随蒋介石宋美龄夫妇，而陈植对蒋介石政府却没有好感。1952年4月，董显光出任驻日"大使"。
1956年3月，董显光继顾维钧任台湾当局驻美"大使"。与
蒋家渊源深厚的董显光，最终认为一个独裁的社会终非良好
归宿，晚年他放弃一切荣誉和职位，1961年宣称因患中风移
居美国加州圣约瑟。在1971年1月9日于美国逝世前，董显
光与陈植翁婿俩没有再见面，之前甚至很多年没有讯息往来。
1949年后董显光就被冠以"战犯"头衔。

　　历史总是充满戏剧性的。晚年移居美国的董显光夫妇成
为张学良和赵四小姐最感恩的人。尽管西安事变中他的领袖
蒋介石认为遭受了此生最大的耻辱，留下了余生难愈的腰伤
和腿伤，自己的哥哥在溪口闻讯忧虑成疾而逝，董显光在事
变的近十天内备受煎熬，但他们夫妇仍然积极帮助张学良和
赵四小姐解除软禁，家庭团聚。尤其是董显光夫人，几乎全
力用于寻找张学良和赵四小姐很多年失去消息的唯一的儿子
张闾琳。张学良信教也是源于董显光夫妇对他的启示。

　　在这过程中，或许董显光夫妇会想起自己的爱女董鹭汀。
她自从与陈植相恋，夫妻情深意重，一生相伴相随。晚年时
两人的照片很多都是两手相扣，四目相交。去世时她拒绝埋

晚年的陈植与董鹭汀。

资料来源：陈植家属

葬在美国的董家墓园。陈植去世时为了能与夫人合葬也拒绝埋葬在有政治地位的宋庆龄陵园。他们的长子陈艾先为这对恩爱的夫妻设计了黑白简洁的墓碑,他们长眠于自己的故园上海。

董鹭汀去世后,陈植曾经在她的一张小照后题诗纪念——《忆鹭》:"六十二载瞬即逝,恩爱衷情永铭志。一旦永诀心肺裂,愿卿稍待我即来。"

抗战胜利后,赵深于 1945 年,童寯于 1946 年先后返回上海,华盖建筑事务所的内地分所随之撤销。当时,南京国民政府也从重庆迁回南京,因此华盖除上海总所外,又分设事务所于南京。三人又迎来了业务上新的繁荣。

童寯负责华盖建筑事务所南京的业务,办公地点设在新街口交通银行楼上。刘敦桢经常来访,他为童寯负责一些项目的结构设计,但他的主要意图是说服童寯去中央大学做兼职教授。他担任建筑系主任,同时也在邀请杨廷宝。杨廷宝当时负责基泰工程司在南京的业务。

陈植因为业务事由从上海到南京办公室时,不止一次遇到刘敦桢。刘敦桢告诉陈植,他"不达目的,誓不罢休"。

"经过九次'三顾',最后如愿以偿。"刘敦桢、杨廷宝、童寯三人成为中央大学、后改为南京工学院建筑系的三大支柱。"这一建筑系在教学与研究方面的卓越成就和弥远影响,与三老的共同思想、共同追求、共同奋斗是绝对分不开的。"[6]

抗战胜利后,赵深经常到南京处理业务。1947年,他也在南京盖了一个小楼。陈秉实曾经为他怀过一个男胎,但未保住,之后为他又添了一位千金赵明,他们三人到南京就居住于此。他们不在宁时,房屋的各项事宜就全部委托童寯处理。赵深非常信任童寯,甚至将自己的私章交给童寯保管随用。虽然童寯夫人在世时坚持不让陈秉实踏进童家一步。

1955年赵深曾经萌生想法,到南京工学院建筑系教书。当时他在上海每天晚上加班开会批判胡风,非常疲劳。他请童寯与杨廷宝相商。那时杨廷宝已经接替刘敦桢成为系主任。但不知什么原因未能如愿,赵深没有能与童寯二度共事。

或许因为陈秉实不喜欢南京,觉得夏天太热。曾经赵深

6　晚年陈植信。

想把她和女儿安置于香港，但她觉得香港只有两条马路，不如上海繁华。最后赵深、陈秉实的家和他、孙熙明的家同样都在上海，他每周末回孙熙明家吃饭。抗战胜利赵深刚返沪时，孙熙明曾经派自己的大女儿赵庆闰试图劝说陈秉实，希望她趁着年轻离开赵深另寻良偶，赵庆闰与她年龄只相差一岁。但陈秉实明告赵庆闰：她和赵深也是合法夫妻。

赵深曾经对赵翼如的父亲说过：他最对不起两个人。一个是孙熙明，另一个是自己的母亲。赵深的父亲42岁即离世，赵深待母极孝，但自己长时间在外奔波劳碌。母亲晚年一直是由孙熙明侍奉照顾，82岁高龄去世时，由孙熙明扶柩归葬家乡无锡。

第九章

辉煌埋入沙尘

童寯、陈植与业主（中）在华盖建筑事务所。
资料来源：童寯家属

1932年元旦，华盖建筑事务所正式挂牌成立。在合伙合同条款中，"华盖三巨头"明确地亮出宣言："我们的共同目的是创造有机的、功能性的新建筑。"这是中国近代建筑闪光的一笔，也是20年华盖建筑事务所实践的定位。

1934年，清华校友黄季岩[1]委托华盖建筑事务所设计公寓两所，即合记公寓和在陕西南路永嘉路的公寓。黄季岩与赵深相熟，因此华盖建筑事务所将3万元准备金存在黄季岩开设的银行。这3万元为华盖建筑事务所基金，因为承接建筑项目时，事务所要在银行里有押金。押金越大才能承接规模更大的项目。1934年上海有四所银行倒闭：中国储蓄银行、中国兴业银行、华东商业储蓄银行、俭德商业储蓄银行。其中之一即为黄季岩开设的。华盖建筑事务所这笔巨资因银行倒闭而分文无着。陈植直到晚年提及此事，仍怅然曰："可叹！"

这是华盖建筑事务所三位合伙人遭遇的第一次重大经济损失。他们决定共同承担。

根据华盖建筑事务所1935年1月的合伙人议事记录，合

---

1 黄季岩，广东东莞人，麻省理工学院土木工程毕业后，又进哈佛大学。

伙人损益比例为赵深44%，陈植31%，童寯25%。月薪赵深为500元，陈植为400元，童寯为350元。这似与开业之初不同，可能有所调整。1935年2月续立华盖建筑事务所合伙合同，明确合伙期限暂定两年。约定"各合伙人不得兼任其他职业或事务，并应以全部时间与精神为合伙服务。本合同内各条款得以各合伙员之共同决议，随时变更之，但应以书面批明本合同为限，方得发生效力"。

华盖建筑事务所三个合伙人的职责并未出现在合同约定中。但他们各有分工，配合默契，赵深负责对外承接设计业务和财务，陈植负责内务，童寯负责图房。内务实际上是行政人员和业务上的管理。图房是沿用宾夕法尼亚大学建筑系的概念，主要是设计与绘图。工作之余，三人常训练雇员快速设计和渲染图技法，由童寯亲自上课，陈植组织雇员观摩。从中可见三人既有合作又有分工，各取所长。赵深一直是华盖建筑事务所的主要负责人，童寯则更重于技术负责，陈植内外事务兼而有之。

1937年2月华盖建筑事务所的合伙人议事记录修改损益分配：赵深由44%减为42%，陈植仍为31%，童寯由25%加至27%。月薪每位400元，赵深另支应酬费100元。1936年不提准备金，并议定将原有准备金之一部分分派与各合伙人各自保管。对三人分工提及赵深对于绘图方面除贯彻业主意旨，协助设计及参加意见外，专管总务及业务接洽，设计及绘图工作由陈植及童寯平均分任。

1937年3月两年合伙期满，华盖建筑事务所续立合伙合同。合同条款与两年前基本一致。不料战火旋即燃至上海。

1937年11月华盖建筑事务所又订立合伙合同，将合伙期订为三年，合伙开支调为赵深40%，陈植30%，童寯30%。由于上海已成为战争前沿，并且沦陷在即，合伙合同增加了任一合伙人亡故的处置预案：继续执行事务所业务五年，就该五年内经营之业务，亡故合伙人之继承人负担下列责任：立即清算，准备金、盈余、动产及不动产按照合伙比例分配，交付合伙人之继承人。

赵深、陈植、童寯三人幸运地平安度过了艰难的对日战争时期，华盖建筑事务所班师回到沪宁。不料1948年风雨飘摇的国民党政府强力推出的金融政策，又使三位合伙人面临严峻挑战。

根据当时法律，人民（包括自然人、法人及其他社团）存放国外的外汇资产均应在 12 月 1 日前向中央银行或其他指定银行申报登记。与此同时，政府试图冻结物价，以法令强迫商人以 8 月 19 日以前的物价供应货物，禁止抬价或囤积。而资本家在政府的压力下，虽然不愿，亦被迫将部分资产兑成金圆券。在没收法令的威胁下，大部分城市中产阶级民众皆服从政令，将积蓄之金银外币兑换成金圆券。

华盖建筑事务所三位合伙人对于是否兑换金圆券发生严重分歧。赵深、童寯坚决反对执行政府规定。但陈植规劝两位顺应日益严酷的执政执法形势。华盖建筑事务所最终按照陈植意见将所有积蓄换为金圆券。

金圆券至 12 月已经基本成为一堆废纸。华盖建筑事务所在这几个月中，苦心经营多年的积累被洗劫一空，资本归零。华盖三人，和上海广大的中产阶级一样，所受的经济损失极巨，在经历重重战争苦难后，对中华民国政府彻底失去信任，对蒋介石非常憎恨。

陈植 1947 年、1948 年曾去台湾数次，负责台商公司办公楼和佳文飞机场等工程。1948 年 12 月陈植与赵深一起赴台湾

台糖办公楼方案，1948 年。

资料来源：童寯家属

结束糖业公司大楼的工程，回到上海。当时去台湾的航班一票难求，回来的飞机上空空荡荡。

1951年，台湾汉口街一段109号的经济工业部（原台糖公司）大楼建成。现代建筑风格的成熟应用，在当时日据时期新建建筑占大多数的台湾，可以说是让人耳目一新。大楼建成后"在台湾大有名声，被认为是台湾几乎是最早（1945后）一件所谓'水平窗带式'的建筑设计作品，意义重大"。[2] 但华盖事务所的三人对此一无所知。赵深、陈植的台湾行是两岸交往的尾声了。没多久，台湾、大陆停航，两岸开始长达数十载的隔绝，音讯全断。

1950年，基泰工程司撤离大陆，华盖成为中国最大的私人建筑事务所。赵深又发起了"联合顾问建筑师工程师事务所"，整合包括华盖3人在内共有建筑师11名、结构工程师2名和设备工程师1名的巨型建筑师事务所。"联合"之名来自华盖建筑事务所的英文名字：Allied Architects。这是中国建筑师兴起阶段的一个里程碑，也是华盖建筑事务所最后的荣光。

---

2 台湾成功大学教授吴光庭给南京大学教授赵辰信。

年轻时的刘光华，1947 年于纽约哈德逊河畔公园。
资料来源：刘光华家属

这个以华盖为主体的"联合顾问建筑师工程师事务所"，在其合伙合同第十一条"信义"中写道："本所合办人应遵守之信条如下：不损害国家利益，不违背职业规章，不破坏合作精神，不妨碍集体行动，不诋毁同仁名誉，不推辞应尽责任，不谋取个人名利，不企图学术自私。"

赵深发起成立联合顾问建筑师工程师事务所时，刘光华欣然加入，时隔十年后，两人再度合作。尽管抗战时期刘光华在华盖建筑事务所只工作了几个月，抗战胜利后，每次刘光华去上海拜访，赵深总是在上海著名的红房子餐厅请他吃西餐。刘光华决定去美国继续学业，赵深为他联系了自己的母校宾夕法尼亚大学。

一个甲子后，百岁老人刘光华兴致盎然地详细记述了20世纪50年代赵深将重要的项目交予他负责，并且在他与项目负责人、解放军的战争功臣观念发生严重冲突时飞抵现场，带着他和王震将军喝酒，巧妙地化解了矛盾，而且他所得设计报酬甚丰。第二次在赵深的指导和提携下工作，刘光华认为自己受益终身。

1952年，联合顾问建筑师工程师事务所解散。中国大陆结束所有的私有企业，公有制经济登上历史舞台。

之后，童寯归于沉寂，埋身于书本。陈植、赵深则仍然活跃在建筑设计领域。不过他们不再是自主开业的建筑师，而是归属于国有设计院。从赵深20世纪60年代，童寯和陈植70年代、80年代填写的履历表看，仿佛早有约定，三人在职业一栏里都写着："自由职业（建筑师）"。虽然不再从事建筑设计，童寯在各种正式文件上签字盖章，都用刻着"童寓建筑师"的象牙印。

1979 年，南京艺术学院的老院长冯健亲有机会为童寯画肖像。"第一次去童寯家，他戴着法兰西的帽子，头发从帽子边缘冒出来，有点像吴作人的发型，很漂亮！"没想到，"到了约好来画的时间，冯健亲做好了充分的准备，背着油画箱踏进了童寯的家门。他谨慎地坐下，打开油画箱，抬头却看见童寯摘下了帽子，露出了刚剃的光头，那头漂亮的头发不见了！这让冯健亲一下子慌了神，原本他想着力画好他的头发。童寯似乎明白他的心思，但也只是笑笑，不作声。"[3] 冯健亲用炭笔画了头像素描，就草草收场，再也不来了。当时童寯正在高强度地写《新建筑与流派》，他的桌上放着李西斯基[4]的构成主义书，封面就是李西斯基的光头像。可惜画家不知道童寯心目中的新建筑运动的英雄人物。童寯作为建筑

3　费文明. 冯健亲素描作品《童寯》，1979。2018 年费文明致信东南大学教授葛明，费文明的回忆请童文确认过。

4　埃尔·李西斯基（El Lissitzky，1890—1941），艺术家、设计师、摄影师、印刷家、辩论家和建筑师。俄罗斯先锋派的重要人物。不仅包豪斯和构成主义受其影响，20 世纪的图形设计也由其主宰。

师的理想和追求在华盖退场后，落在学校资料室角落里的一张沉寂的书桌上。

童寯"文革"交代中列数了华盖建筑事务所从1932年成立到1952年，20年风风雨雨中完成的所有设计项目。

我于1932年在上海与赵、陈合组华盖建筑事务所，接受建筑设计任务，我所参加设计的工程列下：[5]

（1）南京伪外交部（1932），前部四层楼办公用，后部是集会招待厅室。1933年又在大楼广场南面加建"外交官舍"，即部长住宅，二层建卧室。头层有客厅、餐厅、厨房等。

（2）下关"首都电厂"，官僚资本企业（1933）。

（3）上海恒利银行（1934），楼下营业厅，楼上三层全作出租用。

（4）上海浙江兴业银行（1935），楼下营业厅，楼上三层全作出租用。

（5）南京"首都饭店"（1935），上海中国旅行社投资

5　《童寯文集（第四卷）》第387页。

的旅馆建筑，东部四层全是卧室带卫生间，西部头层是客厅、餐厅，上部三层全是卧室带卫生间，后附厨房和服务用房。

(6) 大上海戏院(上海西藏路,1935)，私人投资的电影院，一千五百座，有演出舞台设备。

(7) 上海北京路浙江路口北京大戏院 (1936)，私人投资的电影院，一千三百座。

(8) 南京朝天宫"故宫博物馆"保管库 (1936)，地下防空库两层，地面办公工作室两层，专为保管历代古书画之用，有空调设备。

(9) 南京伪铁道部档案库 (1937)，有防空地下室。北邻又建。

(10) 南京珠江路伪资源委员会全部会址 (1936)，包括办公楼、试验室、图书馆等，其左邻是同时兴建的。

(11) 地质调查所办公楼，二层建筑和地质陈列馆，三层建筑。

(12) 上海五和织造厂 (1936)，两层车间的内衣工厂。

(13) 购料委员会 (1937)，大屋顶两层，办公楼。

(14) 南京下关路伪立法院大楼 (1937)，办公用，三层建筑，只完成中部和东翼钢管水泥架，即爆发全面抗日战争而停工。抗战胜利后划入"侯府公寓"。

(15) 重庆炼铜厂 (1938)，资源委员会后方工厂之一，有电解精铜车间、锅炉房、办公室等。

(16) 四川綦江纯炼铁厂 (1939)，伪资源委员会后方工厂之一，有炼铁车间、锅炉房和办公室等。

(17) 四川资中酒精厂 (1939)，有发酵厂房和锅炉等。

(18) 贵阳贵州省立科学馆 (1940)，贵州省政府参办的科研建筑有研究和试验等室。

(19) 贵阳大夏大学教学楼 (1941)，私立上海大夏大学内迁建筑。

(20) 贵阳清华中学校舍 (1942)，礼堂、办公室和教室、宿舍等建筑，由北平清华大学毕业同学 1938 年创办，包括靠捐款维持的初、高中。

(21) 贵阳县政府两层办公楼 (1943)。

(22) 贵阳招待所 (1943)，中国旅行社投资的修改旅馆、建筑。

(23) 贵阳儿童图书馆 (1944)，附属于贵州省立图书馆。

（24）贵阳地方法院监狱（1944），蒋政权为准备收回"领事裁判权"而建筑的外侨看守所，两层楼。

（25）重庆民族路办公楼（1945），私人投资三层出租建筑。

（26）南京百子亭伪交通部公路总局（1946），包括办公楼、礼堂、宿舍等建筑。

（27）南京美军顾问团公寓（AB 大楼），两座四房。蒋帮为讨好美帝，发动内战，安置美军顾问人员家庭的建筑，楼上三层是宿舍，头层是客厅、餐厅、酒吧，另有汽车房、厨房等。

（28）南京小营航空工业局（1947），蒋帮制造航空发动机的管理行政机构，有两层办公楼和职员两层宿舍。

（29）南京下关交通银行分行（1947），楼下营业厅，楼上三层是办公用室和宿舍。

（30）南京萨家湾交通银行宿舍（1947）。

（31）南京下关伪社会部"工人福利社"（1947），两层楼建筑，楼上办公用，楼下有茶点室休息和药房，主要为下关电厂工人服务。

（32）南京孝陵卫伪政治大学校舍（1947），包括教学楼、男女生宿舍、饭厅和职工宿舍。

(33) 上海复兴岛蒋帮空军宿舍、浴室 (1948)，上海事务所经办工程的一部分，交南京，由我负责完成浴室施工图样。

(34) 伪立法院"侯府公寓"(1948)，三层楼公寓式宿舍，专供蒋帮立法委员家眷住宿用，解放后完工。

(35) 南京新街口"建设大楼"(1948)，私人投资三层建筑，楼下分为若干出租商店，楼上两层出租办公用，解放后完工改为百货公司门市部。

(36) 解放后，上海事务所1951年接到人民政府委托任务，设计在杨树浦的上海电业学院，全部，这校由当时上海电力公司主办，训练电业中技校人材。

(37) 1951年我又负责上海事务所经办的浙江第一银行大楼完工阶段工作，这时，上海事务所已和其他私人建筑事务所一起接近结束。解放后，我是"上海联合顾问建筑工程师"的成员（成员十多人）。

(38) 接受人民政权委托，参加设计山西榆次经纬机器厂，1951年工人宿舍办公楼工程。

(39) 新疆乌鲁木齐纺织厂设计。

关于华盖建筑事务所的作品数量，晚年的陈植曾经回忆：

"华盖建筑事务所的业务范围遍及上海、南京、无锡、杭州、重庆、贵阳、昆明，设计工程约 200 项。由于'文革'时期我要交代所设计的工程项目，日夜苦思冥索，列了 167 项（这单子已被没收，未归还）。这 167 项不包括重庆、贵阳、昆明。"[6]

有人得知陈植的外孙谢岗和童寯的孙子童明选择建筑作为大学本科的专业时，曾经向陈植祝贺："华盖"可以"复辟"了！陈植的回复是："总得一代胜一代，如果一代不如一代，那还了得！"

华盖建筑事务所到底做了多少项设计，其实不再重要。曾经的辉煌早已经埋入了沙尘。

1995—1996 年间，华盖建筑事务所的手绘图纸作为装饰品曾经出现在上海一家餐厅的墙上，但餐厅老板对于图纸的来源讳莫如深。陈植的外孙谢岗意欲购买这些原图，被拒绝。这些图纸浮光一现后，再也没有出现过。

6　陈植 1982 年 5 月 19 日给童寯信。

晚年的赵深与童寯相聚于南京玄武湖公园，1978 年。

资料来源：童寯家属

尾声

1978年,赵深最后一次访问南京,陈秉实陪同他,和童寯、刘光华等旧友游览了玄武湖。临别时他紧紧拥抱童寯,说:"老童,你一定要活到80岁!"

半年后赵深在上海去世,孙熙明主持了他的葬礼。赵深的葬礼极尽哀荣,全国政协及时任全国政协副主席荣毅仁赠送了花圈。童寯没有参加他的葬礼。

赵深去世10年后,孙熙明离世。华盖建筑事务所的重要文件和资料多年来全部存放于她住处的地下室夹层。"文革"时街道组织抄家,这些历史遗物作为废品被弃于街头。孙熙明的女儿赵庆闰保留了用华盖事务所的招牌改成的两个小板凳。她以此纪念自己的妈妈,以及家庭留给姐妹的苦涩回忆,这也是非常特别的中国近代建筑史的记录方式。

童寯如赵深所愿，活过了 80 岁。他 1983 年于南京去世。陈植没有参加他的葬礼。他的长子陈艾先按照父亲嘱咐，葬礼时全程肃立于童寯遗体旁边。

童寯去世时他的夫人已离世 27 载，他曾经对长子童诗白说："你的母亲是世界上最好的女人。"又对次子童林凤说过，他与关蔚然情投意合，再找一位这样聪明正直的满族妇女是不可能的了。

陈植在三人中寿命最长，成为百岁老人。他 2002 年在上海去世。陈植晚年给童寯之子童林凤写信说："我一直认为（60 年来）我只是一个极平凡的建筑师，远不如令尊与赵伯伯也。"

陈植敬重赵深，"因赵老 1927—1931 年之间所负的声誉而奠定了基础，赢得了信任。没有赵老，华盖的起步是困难的"。陈植敬重童寯，"才华卓越，埋头苦干，锲而不舍"。陈植待人真情，像《古文观止》中的《马援诫兄子严敦书》所云："忧人之忧，乐人之乐，清浊无所失。"陈植至谦，君子有终。

1985 年，陈植的学生金瓯卜组建了当时第一个中外合作的民办建筑事务所——大地建筑事务所（国际）。

离休后金瓯卜奉当时中央书记处书记芮杏文同志的委托，按照中央改革开放的政策，组建了"大地建筑事务所（国际）"，把竞争机制引入建筑设计领域，进行了和国际接轨的尝试。这一举措改变了国营建筑设计院一统天下的局面，促进了民用建筑设计事业的发展。[1] 之后，金瓯卜开创了中国建筑史上很多个第一。

陈植亲眼目睹了私营建筑事务所在中国迎来春天，而这时，他的两位合作伙伴都已经长眠地下。"建造历史的要更深地被埋在历史里，而后燃烧，给后来者以温暖。"[2]

1　松涛：《怀念金瓯卜同志》，中国建筑学会 2012 年 8 月 7 日，http://www.chinaasc.org/news/69376.html.

2　杜运燮：《无名英雄》。

后记

感谢赵深、陈植、童寯三位先生的家人，没有他们的认可和帮助，此书的完成是难以想象的；感谢梁思成、刘敦桢、叶渚沛、孙立人、龙云等先哲和先贤的亲友，刘光华前辈及家人，他们使此书的写作充满惊喜和温暖；感谢给我支持和鼓励的师友们。

此书写作于大雪纷飞时，记述的是一场虽已成为过去但仍然影响着现在的战争。当时我没有意识到，在我们以为战争离自己很远时，我们或已置身于烽火中了。

以此书致敬这片土地，不朽的不是永恒的名，而是深沉的爱。

历史，被遗忘和被铭记并没有不同。

图书在版编目（CIP）数据

烽火中的华盖建筑师 / 张琴著 . -- 上海：同济大
学出版社，2021.8

ISBN 978-7-5608-9706-6

Ⅰ . ①烽… Ⅱ . ①张… Ⅲ . ①建筑设计－组织机构－
概况－上海－ 1932-1949 Ⅳ . ① TU-242.51

中国版本图书馆 CIP 数据核字 (2021) 第 139706 号

烽火中的华盖建筑师

张琴 著

出 版 人：华春荣
策　　划：江岱
责任编辑：李争　晁艳
责任校对：徐逢乔
平面设计：张微
版　　次：2021 年 8 月第 1 版
印　　次：2021 年 8 月第 1 次印刷
印　　刷：上海安枫印务有限公司
开　　本：787mm×1092mm　1/32
印　　张：6.5
字　　数：146 000
书　　号：ISBN 978-7-5608-9706-6
定　　价：52.00 元
出版发行：同济大学出版社
地　　址：上海市杨浦区四平路 1239 号
邮政编码：200092
网　　址：http://www.tongjipress.com.cn
经　　销：全国各地新华书店

本书若有印装质量问题，请向本社发行部调换。

luminocity.cn

光 明 城

LUMINOCITY

"光明城"是同济大学出
版社城市、建筑、设计专
业出版品牌，致力以更新
的出版理念、更敏锐的视
角、更积极的态度，回应
今天中国城市、建筑与设
计领域的问题。